U0868354

湖湘传统家训选读

湖南省地方志编纂院 组织编写
江涌 主编

岳麓書社·长沙

图书在版编目（CIP）数据

湖湘传统家训选读 / 江涌主编；陈杨编撰．—长沙：岳麓书社，2024.4

ISBN 978-7-5538-2001-9

Ⅰ．①湖…　Ⅱ．①江… ②陈…　Ⅲ．①家庭道德—研究—湖南 Ⅳ．① B823.1

中国国家版本馆 CIP 数据核字（2023）第 245868 号

HUXIANG CHUANTONG JIAXUN XUANDU

湖湘传统家训选读

江　涌　主编

陈　杨　编撰

责任编辑：刘书乔　冯文丹　田　丹

责任校对：舒　舍

封面设计：几木艺创

岳麓书社出版发行

地址：湖南省长沙市爱民路 47 号

邮编：410006

版次：2024 年 4 月第 1 版

印次：2024 年 4 月第 1 次印刷

开本：890mm × 1240mm　1/32

印张：9. 75

字数：218 千字

书号：ISBN 978-7-5538-2001-9

定价：68. 00 元

承印：长沙鸿和印务有限公司

如有印装质量问题，请与本社印务部联系

电话：0731-88884129

《湖湘传统家训选读》编委会

编 委 会 主 任：陈远平

编委会副主任：彭楚筠　邓建平　张征远

编 委 会 成 员：崔　灿　蒋　浩　李旭东　陈　杨

主　　　　编：江　涌

编　　　　撰：陈　杨

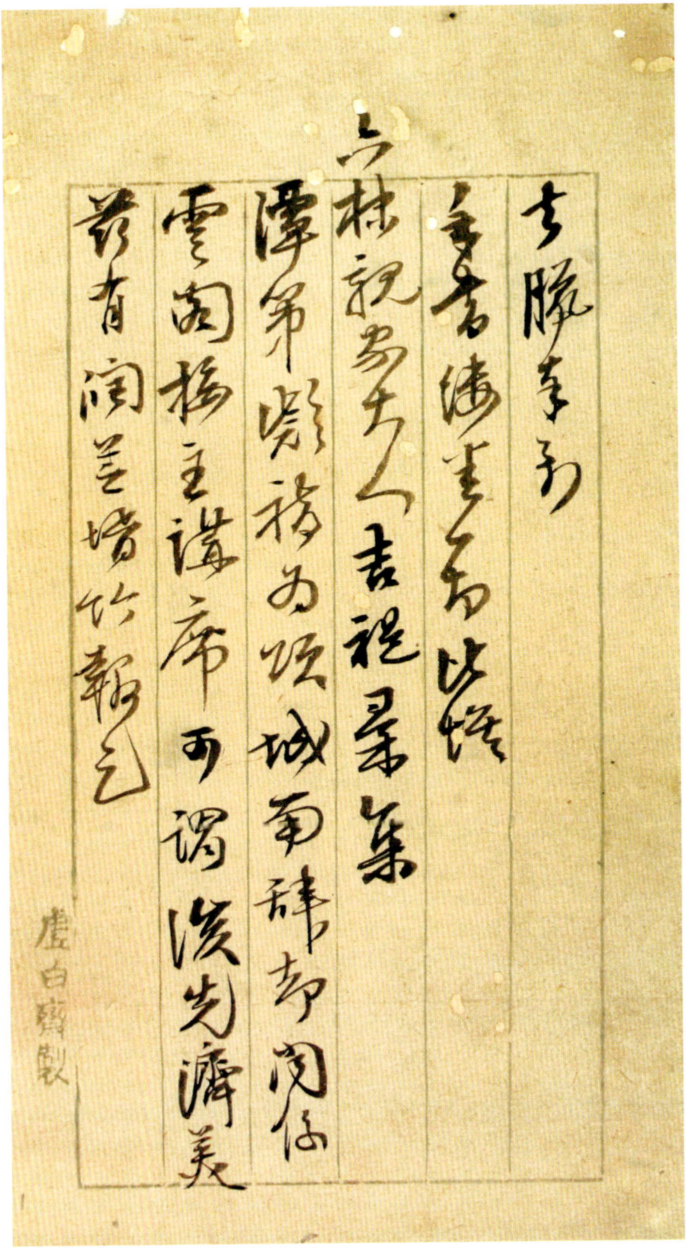

陶澍书札，藏湖南博物院

曾国藩教曾纪泽、曾纪芬看地球仪（图原刊曾纪芬著《崇德老人自订年谱》）

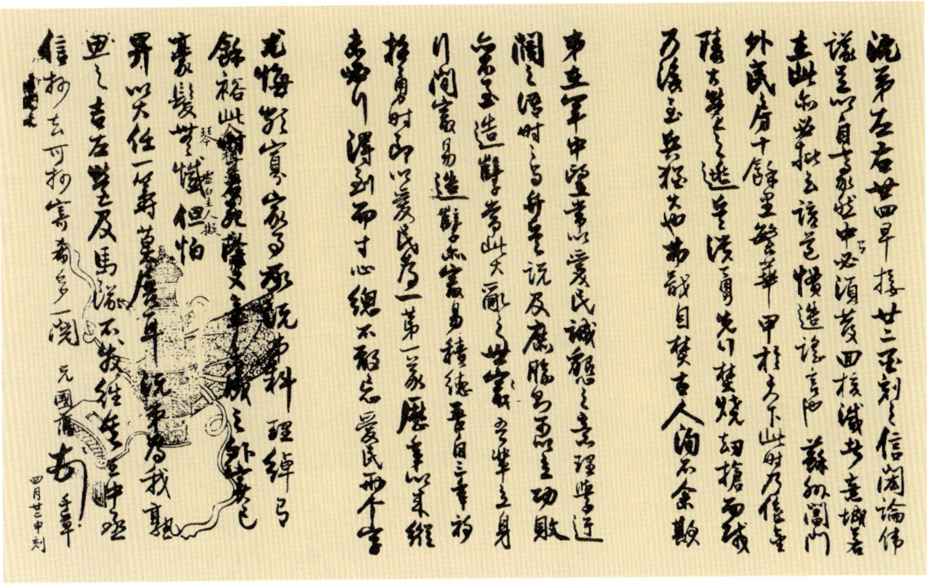

曾国藩咸丰十年四月二十四与沅弟书手迹

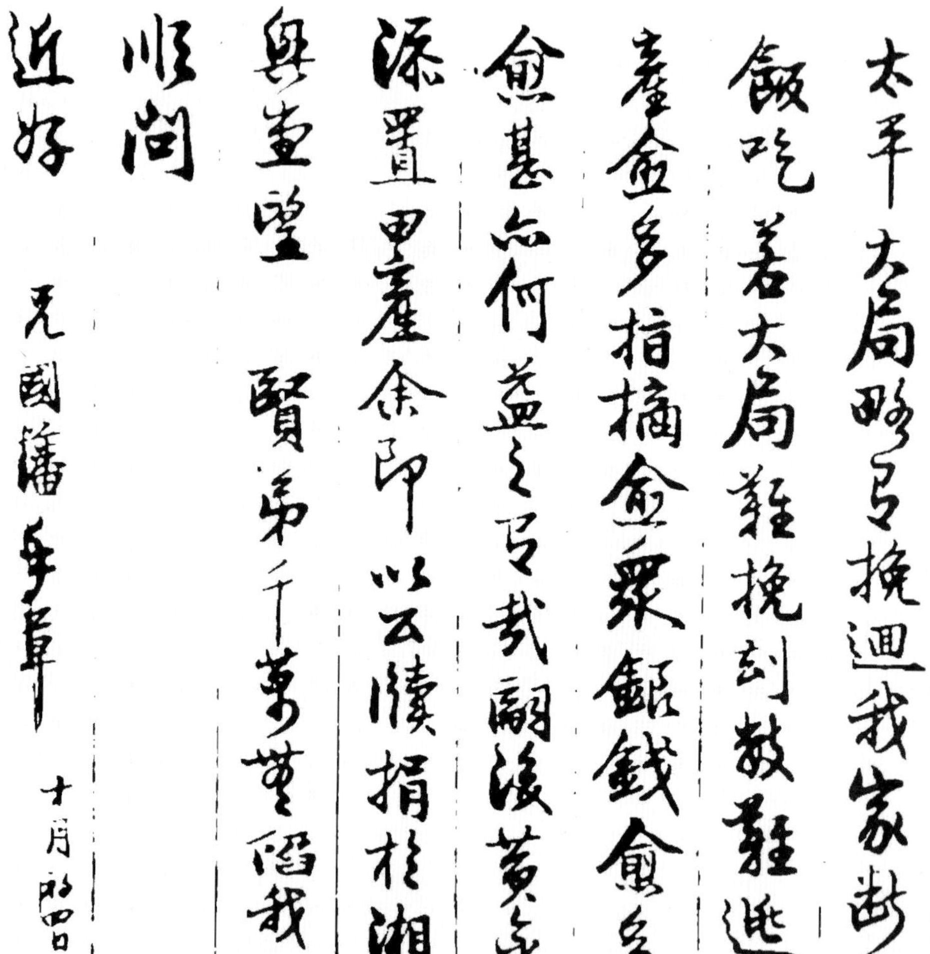

太平。大局略可挽回，我家斷不怕後飯吃。若大局難挽，刦數難逃，則田產愈多，指摘愈衆，銀錢愈多，搶刦愈甚，亦何益之有哉？嗣後黃金堂如添置田產，余即以公牘捐於湘鄉賓興堂，望賢弟千萬莫陷我於惡。此問近好。

兄國藩手草 十月初四

曾国藩咸丰十年十月初四与澄弟书手迹

軍務莫起色且媿且憤家事不能
照料余甚不放心但恐黃金堂買田起
屋以重余之罪戾則寸心大為不安不
特生前做人不安即死後做鬼也是不
安特此預告　賢弟切莫玉成黃金
堂買田起屋　弟若聽我之言便感激爾
弟若不聽我之言便恨爾但令世界路得

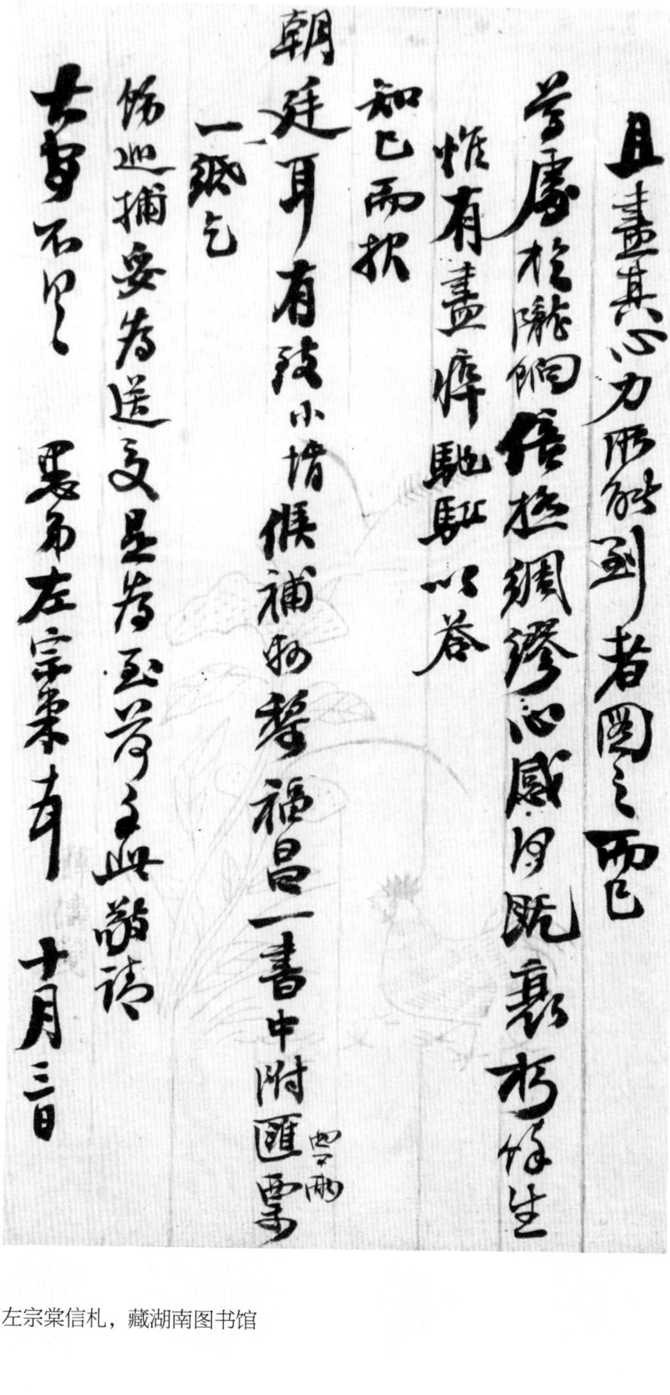

且盡其心力所能到者圖之而已。
吾屬於隴餉倍極綢繆，心感罔既，襄於好生，
惟有盡瘁馳驅以答
知己而報
朝廷耳。有寄小婿候補[illegible]黎福昌一書，中附匯票四千兩一紙，乞
飭巡捕妥為送交，是為至荷。手此敬請
大安，不一。愚弟左宗棠頓首　十月三日

左宗棠信札，藏湖南图书馆

天地正氣
右四字湘陰相國左文襄公所書公之勳業著在天
壤書法亦高抗古人無佚予言竊謂天地之正氣人
皆有之惟君子為能直養無害全剛大而配道義使
正氣常峩乎兩間故陰不得侵陽邪不得干正小人
不得加君子外夷不得陵中國公之生平蓋皆天地
之正氣發洩流露兹幅心畫亦見一端俾覽者觸目
森然各知正氣之在我而不可有一毫自卑自污之
私即於世道人心不無裨補公既殁 敬夯太守取
以刊摹公之斯世以致拳拳不忘之意且如正襟肅
容在公左右間也爲之敬跋而歸之光緒乙酉小陽
三原賀瑞麟

左宗棠书法，《天地正气》碑

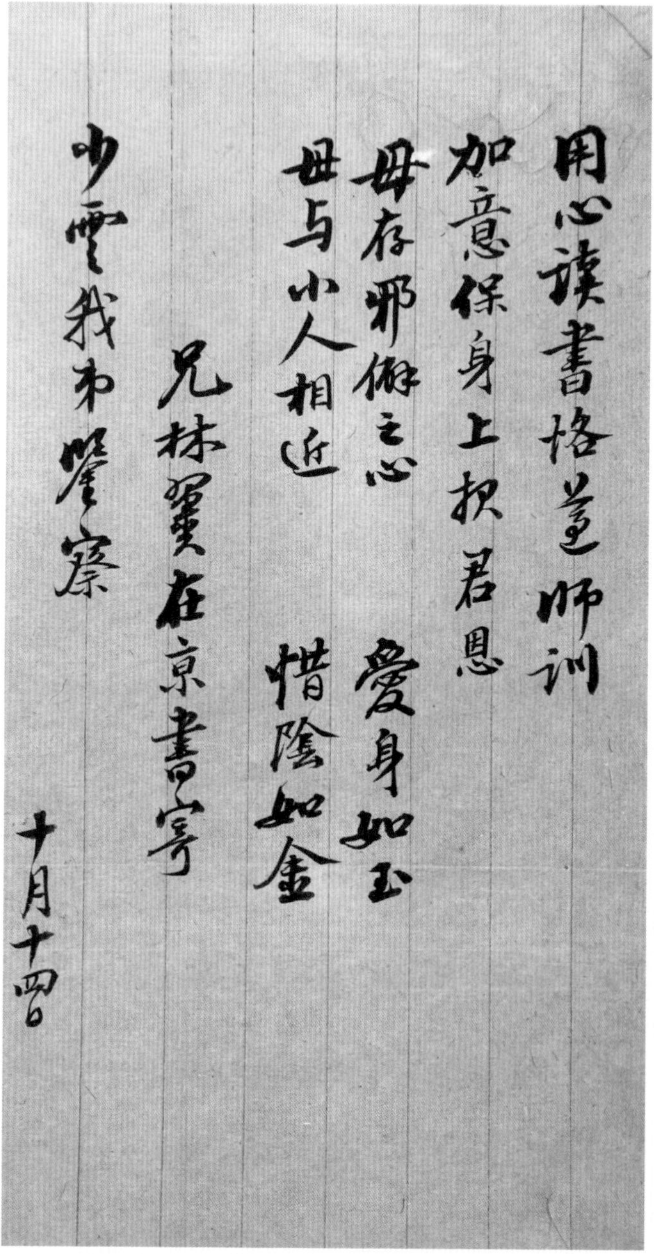
用心讀書恪遵師訓
加意保身上報君恩
毋存邪僻之心　愛身如玉
毋与小人相近　惜陰如金
兄林翼在京書寄
少雲我弟覽察
十月十四

胡林翼致陶桄书札，藏湖南图书馆

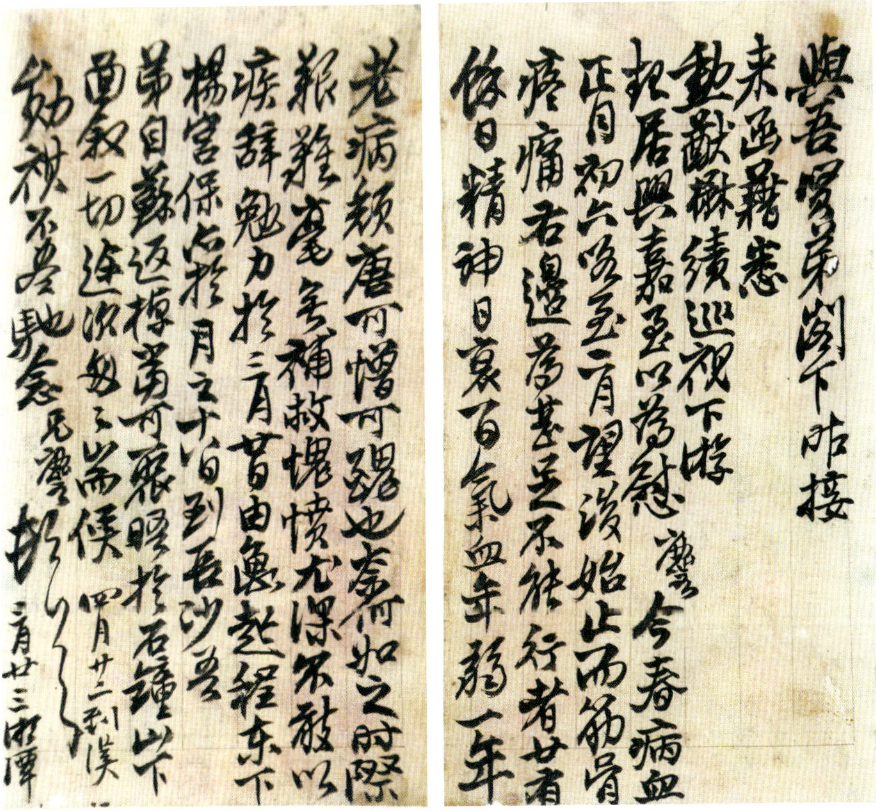

彭玉麟书札，藏湖南图书馆

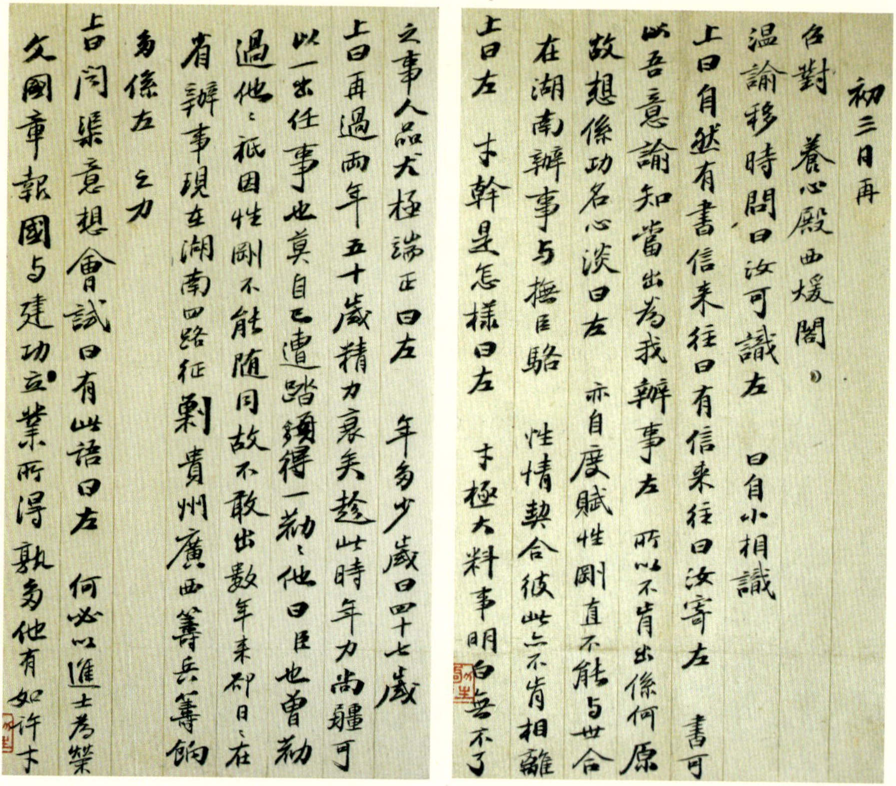
初三日再
召對　養心殿西煖閣
溫諭移時問曰汝可識左　曰自小相識
上曰自然有書信來往曰有信來往曰汝寄左　書可
以吾意諭知當出為我辦事左　所以不肯出係何原
故想係功名心淡曰左　亦自度賦性剛直不能與世合
在湖南辦事與撫臣駱　性情契合彼此亦不肯相離
上曰左　才幹是怎樣曰左　才極大料事明白無不了
之事人品尤極端正曰左　年多少歲曰四十七歲
上曰再過兩年五十歲精力衰矣趁此時年力尚強可
以一出任事也莫自己遭踏須得一勸勸他曰臣也曾勸
過他他祇因性剛不能隨同故不敢出數年來卻日日在
省辦事現在湖南四路征剿貴州廣西籌兵籌餉
多係左　之力
上問梁意想會試曰有此語曰左　何必以進士為榮
文章報國與建功立業所得孰多他有如許才

郭嵩焘书札，藏湖南博物院

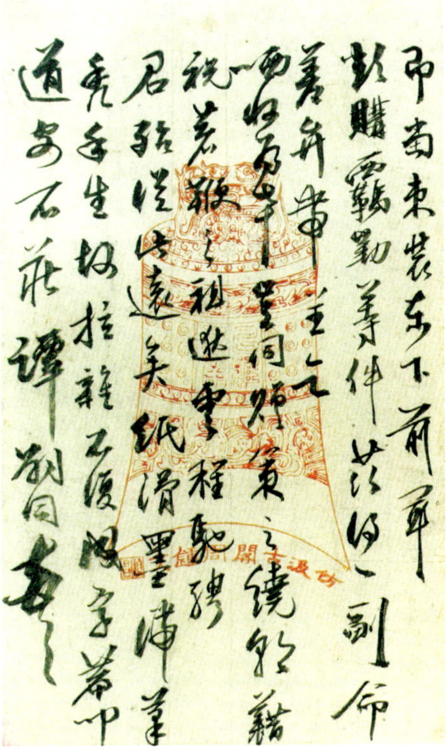

谭嗣同书札，藏湖南博物院

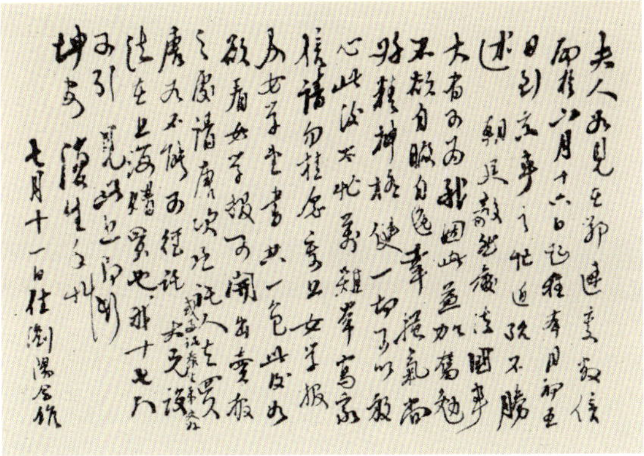

谭嗣同致夫人的最后一函

民國丁巳歲重鐫
邗江家乘
槐蔭堂敬梓

《邗江家乘》

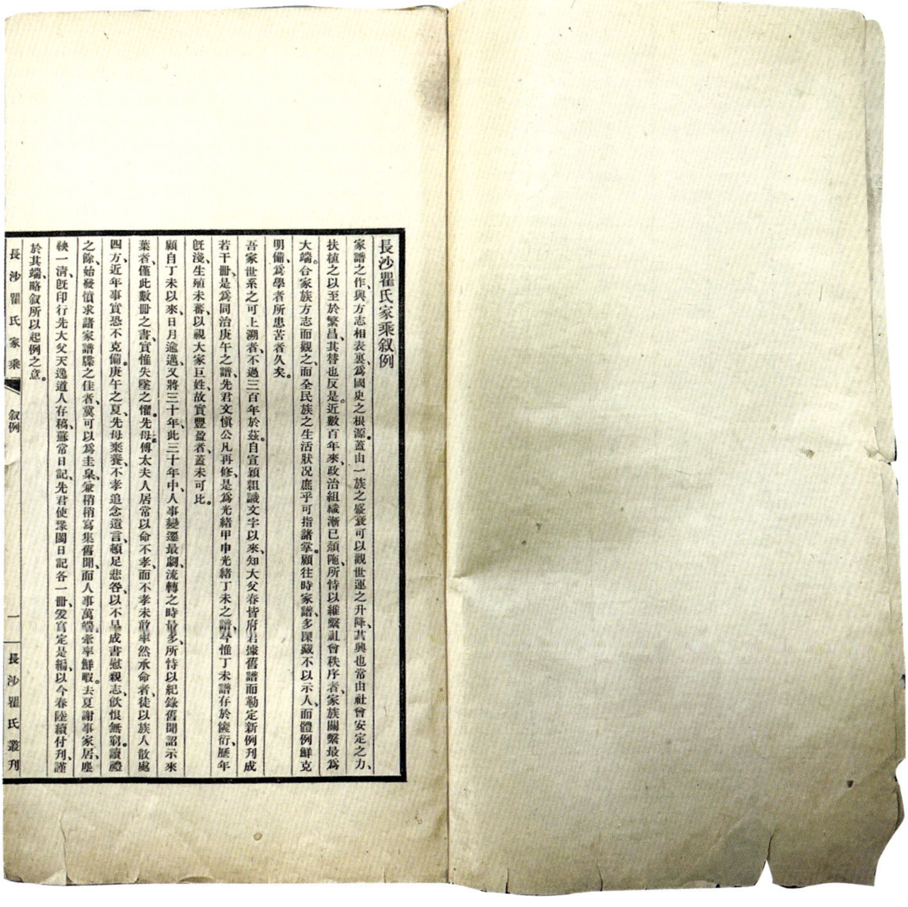

長沙瞿氏家乘敘例

家譜之作、與方志相表裏、爲國史之根源。蓋由一族之盛衰可以觀世運之升降、其興也常由社會安定之力、扶植之以至於繁昌、其替也反是。近數百年來、政治組織漸已頽隳、所恃以維繫社會秩序者、家族關繫最爲大端。合家族方志而觀之、而全民族之生活狀況庶乎可指諸掌。顧往時家譜、多珍藏不以示人、而體例鮮克明備、爲學者所患苦者久矣。

吾家世系之可上溯者、不過三百年於茲。自宣穎祖識文字以來、知大父春皆府君據舊譜而勒定新例刊成若干冊、是爲同治庚午之譜、先君文慎公凡再修、是爲光緒甲申光緒丁未之譜。今惟丁未譜存於儀衍、歷年既淺、生殖未蕃、以視大家巨姓、故實豐盈者、蓋未可比。

顧自丁未以來、日月逾邁、又將三十年、此三十年中、人事變遷最劇、流轉之時尤多、所恃以紀錄舊聞詔示來葉者、僅此數冊之書、實惟失墜之懼。先母傅太夫人居常以命不孝、而不孝未敢率然承命者、徒以族人散處四方、近年事實恐不克備。庚午之夏、先母棄養、不孝追念遺言、頓足悲咎、以不早成書慰親志、飲恨無窮。讀禮之餘、始發憤求諸家譜牒之佳者、冀可以爲圭臬、兼稍稍寫集舊聞、而人事萬變、牽率鮮暇。去夏謝事家居、塵鞅一清、既印行先大父天逸道人存稿、藏常日記、先君使擧閩日記各一冊、爰審定是編、以今春陸續付刊、謹於其端、略敘所以起例之意。

長沙瞿氏家乘　敘例　一　長沙瞿氏叢刊

《长沙瞿氏家乘》

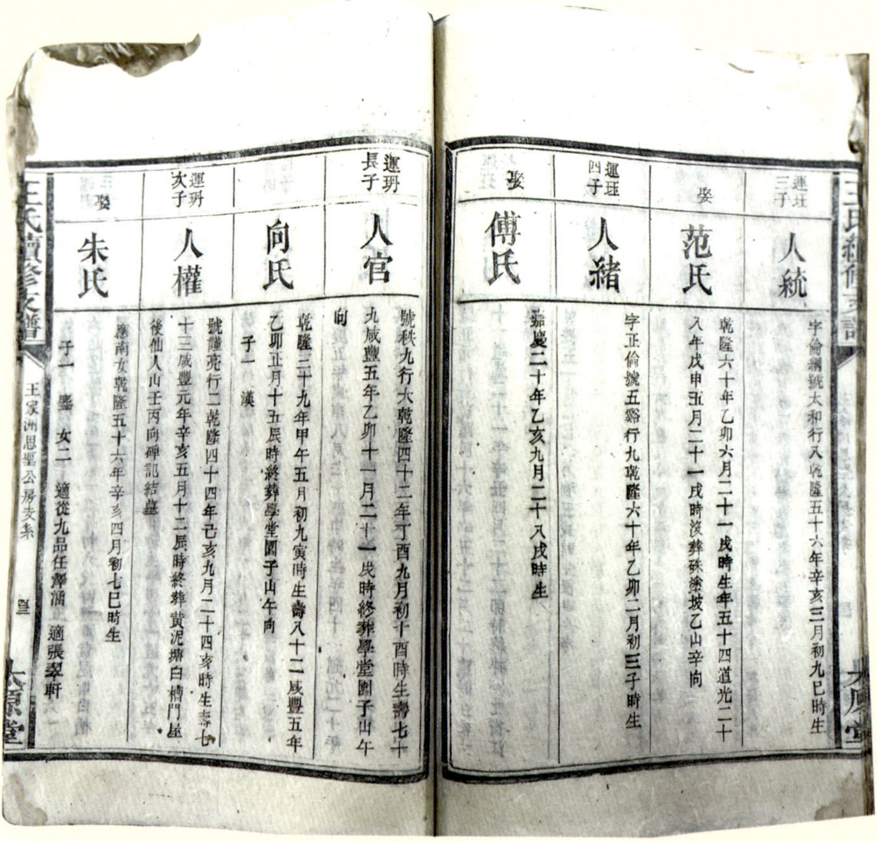

宁乡《王氏续修支谱》

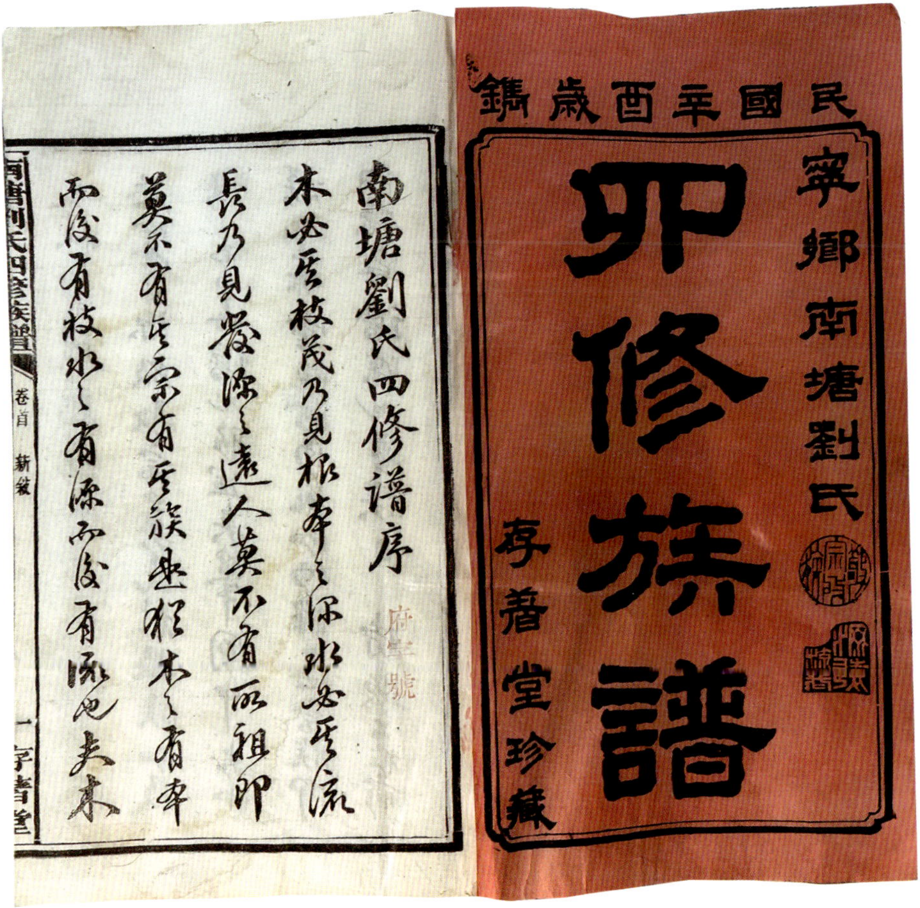

宁乡《南塘刘氏四修族谱》

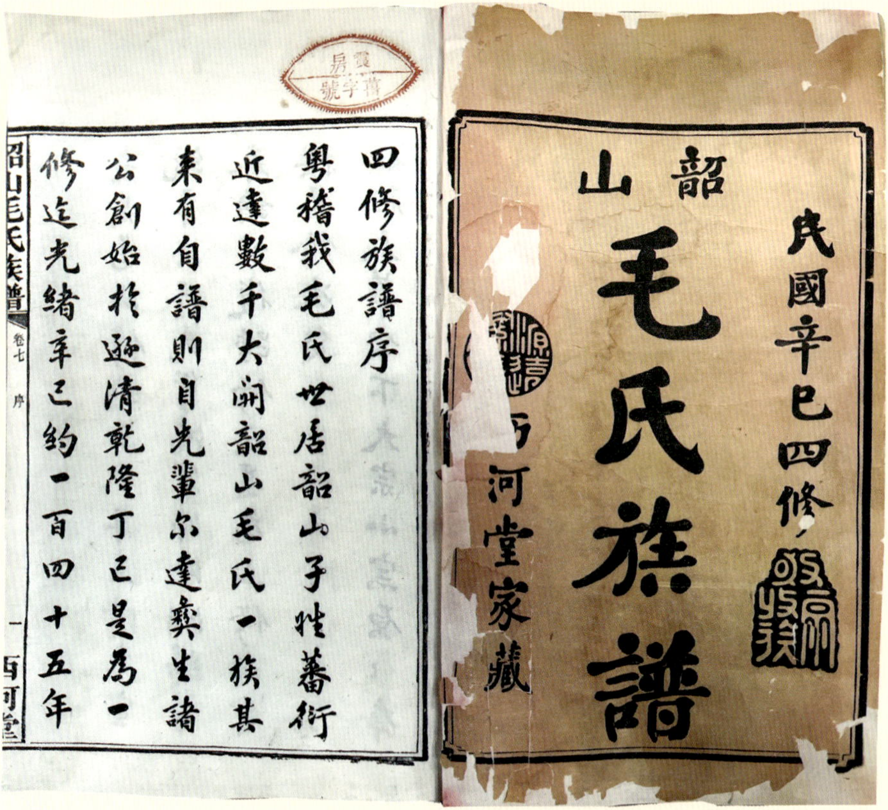

《韶山毛氏族谱》

序

江　涌

党的十八大以来，以习近平同志为核心的党中央高度重视家庭家风建设，提出了一系列推进新时代家庭家教家风建设的新思想、新观点、新论断。习近平总书记在党的二十大报告中强调要“弘扬中华传统美德，加强家庭家教家风建设”。在全面建设社会主义现代化国家新征程上，我们要不断从中华优秀传统文化中汲取道德滋养、历史智慧，加强家庭家教家风建设，培育社会文明新风尚。

“天下之本在国，国之本在家。”中华民族历来十分重视家庭家教家风建设，中华五千年文明积淀的尊老爱幼、母慈子孝、妻贤夫安、兄友弟恭、耕读传家、勤俭持家、知书达礼、遵纪守法、家和万事兴等优秀家教家风，深深植根于中国人的心灵，融入中国人的血脉，成为家庭和睦、社会和谐的基石，成为中华民族独特的精神标识，成为支撑中华民族生生不息、薪火相传的重要精神力量。

“国有史、地有志、家有谱”，中华史志源远流长，是我国特有的文化瑰宝，是中华优秀传统文化的重要组成部分和典型代表，是世界历史文化长河中具有鲜明中国特色的文明传承方式，连接着中华民族的历史、当下与未来，在赓续中华文脉、延续中华民族文化基因的过程中居功至伟。中华文明作为世界上唯一绵延不绝且以国家形态发展至今的伟大文明，很大程度上得益于先贤创设了史志记载这一独特的中华文明传承方式。

在中华民族五千年的历史长河中，我们的先辈留下了辉煌灿烂、代代相传的家训家风文化，是中华史志典籍的重要组成部分，也是中国传统文化的重要组成部分，更是极具中国特色的宝贵文化遗产，对中国社会的发展和中华优秀传统文化的传承产生了重要深刻的影响。

湖南文源深、文脉广、文气足，历史底蕴深厚、文化积淀凝重。千百年来，湖湘历代名人、世家望族秉承“心忧天下，敢为人先”的湖湘文化精神，孕育出了博大精深、蔚为大观的家训家风文化资源。为深入学习贯彻落实习近平文化思想，深刻把握新时代新征程以中国式现代化全面推进中华民族伟大复兴的使命任务，把马克思主义基本原理同中国具体实际相结合、同中华优秀传统文化相结合，更好担负起新的文化使命，湖南省地方志编纂院坚持守正创新，深度挖掘、深刻阐释、深情讲述蕴藏于湖湘历代史志、家谱、宗谱等典籍中的家训故事、思想精粹、历史智慧，发挥湖湘优秀传统文化的思想熏陶、教化育人功能，历时一年多时间编纂完成《湖湘传统家训选读》一书。

本书收录的湖湘传统家训，上至国之大事，下到家庭琐事，通过浅白直接、潜移默化的方式，将蕴含其中抽象深奥的道理、义理、哲理阐发出来，激励世人不断向上向善、提高个人修养、培育良好情操，加强人心教化、树立道德信仰、维护社会和谐稳定，凝聚中华民族的精神依归，为社会主义核心价值观提供了有益补充。

本书具有鲜明的湖湘文化特征，生动诠释了湖湘传统家训文化“修身立德、崇文尚学、齐家治事、经世弘道、刚毅自强、建功报国、勤勉务实”的内涵特点、独特风貌、深厚底蕴，闪耀出湖湘文化的璀璨光芒，浸润着湖湘文化的精神品格。

品读湖湘传统家训，近距离感悟历代湖湘风云人物和世家望族家风家训所凝聚的思想内核、基因密码：他们正心诚意、修齐治平，把个人对家庭的眷恋和家人的关爱，转化为对国家、民族和人民的大爱；他们耕读传家、经世致用，将自身的事功追求寓于美好的人格塑造、崇高的理想追求、高洁的心灵寄托之中；他们立身弘道、实事求是，帮助世人把准为人处世之方，追寻不灭的精神薪火。这些湖湘传统家训中的嘉言懿行，是成风化人的精神向导，是滋心铸魂的肥沃养分。

良好的家风家训是中华民族代代相传的精神滋养。家风优则作风优，家风正则党风正，家风纯则政风纯，家风清则民风清。新时代新征程新使命，我们要进一步深入学习贯彻习近平文化思想，推动中华优秀传统家训文化实现创造性转化、创新性发展，以具有中国特色的社会主义核心价值观为引领，引导人们讲仁爱、重民本、守诚信、崇正义、尚和合、求大同，坚定文化自信自强的底气，为建设社会主义现代化新湖南，实现中华民族伟大复兴提供丰富的思想智慧和强大的精神力量。

是为序。

（作者系湖南省地方志编纂院原党组书记、院长）

目 录

立人篇

齐家篇

经世篇

立人篇

忘却人间事，始识书中字。识得书中字，自会人间事。

——王夫之《示侄孙生蕃》

一、“蒙以养正”的家庭教育观

（一）立志：志不立，天下无可成之事

人若想摆脱平庸，须得发上等愿，用远大志向来填补精神世界的空虚。晚清政坛上赫赫有名的左宗棠，二十岁就考中举人，后来却在科场屡屡受挫。道光十五年（1835）会试，寒窗苦读多年的左宗棠排名湖南第十五，准备录为进士，虽然位居末位，他仍十分高兴。但在揭榜时，发生了意外。考官发现湖南的进士超额一人，于是便顺理成章地取消了左宗棠的进士资格，仅给了他一个“誊录”的名额。这个职位最好的出路是成为县令，但左宗棠是一个有志气、有抱负的读书人，他关心国家的命运、社会的治乱兴衰，不甘心自己的人生如此平庸。他毅然返乡，继续苦读。闭门读书期间，他写下一副对联：“身无半亩，心忧天下；读破万卷，神交古人。”这副对联不仅揭示了左宗棠于贫苦之中的精神境界，也显示出了他时时发愤读书，处处严格要求自己的决心。左宗棠沉潜多年，终于后来居上，成为声名俱显的一代名臣。这皆因他悟出了人生的三句箴言：

“发上等愿，结中等缘，享下等福。”左宗棠之所以能达到常人难以企及的高度，便是因为他始终心怀远大志向。

志向如同人生路上的指路明灯，有了它，人们才不会迷失方向。人各有志，贵在立志。立志是人生的基础，是治学的首要条件，更是激励个人努力奋斗，实现理想的动力和精神支柱。儒家学派的创始人、伟大的教育家孔子把人生分为六个阶段，认为“志于学”是人生的基础，亦是人生的起点。

立志对于个人成长发展极其重要。“志不立，天下无可成之事。”在个人的求学、成长和发展过程中，个人必须树立理想，下定决心，确立人生发展方向。譬如树木，须先有个根本，然后培养，方能成合抱之木。青年有崇高的理想、远大的抱负，国家才有前进的希望、不竭的动力。

“志”的内涵是什么呢？孔子说：“三军可夺帅也，匹夫不可夺志也。”可见，“志”乃人的精神范畴之概念，它决定一个人的思想行为，也决定一个人一生的走向。立志有着如此重大的意义和作用，关于立志的家庭教育自然也成了湖湘传统家训中关注的重要问题。在中国传统社会中，一代又一代优秀的湖南人志存高远，干出了一番事业。在总结人生经验、教育子弟的过程中，他们谆谆告诫子孙要读书明理，早立志，立大志，这是值得我们今天学习的。

王夫之[1]：汝年正英妙，高远何难志

——《示侄孙生蕃》

忘却人间事，始识书中字。识得书中字，自会人间事。俗气如糯糊，封令心窍闭。俗气如岚疟[2]，寒往热又至。俗气如炎蒸[3]，而往依坑厕。俗气如游蜂，痴迷投窗纸。堂堂大丈夫，与古人何异。万里任翱翔，何肯缚双翅。盐米及鸡豚，琐屑计微利。市贾及村氓，与之争客气。以我千金躯，轻入茶酒肆。汗流浃衣裾，挈三而道四。既为儒者流，非胥亦非隶。高谈问讼狱，开口即赋税。议论官贪廉，张唇任讥刺。拙者任吾欺，贤者还生忌。摩肩观戏场，结友礼庙寺。半截织锦袜，几领厚棉絮。更仆数不穷，总是孽风吹。吾家自维扬[4]，来此十三世。虽有文武殊，所向惟廉耻。不随浊水流，宗支[5]幸不坠。传家一卷书，唯在汝立志。凤飞九千仞，燕雀独相视。不饮酸臭浆，闲看傍人醉。识字识得真，俗气自远避。"人"字两

---

[1] 王夫之（1619—1692）：明清之际思想家。字而农，号姜（薑）斋，晚年居衡阳之石船山，世称"船山先生"，湖南衡阳人。其学无所不窥，对天文、历法、数学、地理学都有研究，尤精于经学、史学、文学。主要贡献是在哲学上总结和发展了中国古代哲学，将之推向高峰。善诗文，也工词曲。著作经后人编为《船山遗书》。

[2] 岚疟：即风疟。因夏季阴暑内伏，复感风邪而发的一种疟疾。

[3] 炎蒸：暑热熏蒸。

[4] 维扬：古称扬州为维扬。

[5] 宗支：同宗族的支派。

撇捺，元与“禽”字异。潇洒不黏泥，便与“天”无二。汝年正英妙，高远何难志。医俗无别方，唯有读书是。

译文

忘记或者不在意人世间的庸俗之事，才能识得书中真义。识得书中真义，自然明白人间之事。庸俗的习气就像糨糊，让心窍堵塞；庸俗的习气就像疟疾，让人忽冷忽热；庸俗的习气就像暑热熏蒸，往往依附肮脏之所；庸俗的习气就像飞来飞去的蜜蜂，痴迷地冲撞窗纸。有志气的大丈夫，与（志向远大的）古人是没有区别的。寥廓的天空，任凭展翅飞翔，志向远大之人怎么会束缚自己的翅膀呢。（没有远大志向的人）算计着盐米和鸡猪这类琐屑微小的利益，和小商贩、乡野之民争讲场面话；拿我们宝贵的身躯，随意进入茶酒店；满身大汗，不负责任地说三道四。既身为读书人，就不要像那些小吏和差役，高声地打听诉讼情况，开口就是田赋和捐税；（也不要像那些没有远大志向的人）谈论官吏是贪腐还是廉洁，开口就随意讥笑讽刺，欺负老实人，嫉妒高尚的人；更不要到拥挤的戏场看戏，呼朋唤友去寺庙烧香，（衣冠不整）穿着半截织锦袜、几领厚棉絮。这样的行为列举不穷，总是受着不良习气的影响。我们家族源自扬州，定居衡州已经有十三代了。如今虽然由军功世家转为书香门第，但是行事一直都以廉洁与知耻为标准。因为不随波逐流，家族幸运地得以延续。以一卷书作为传家之宝，书中真义就在“立志”二字。凤凰高飞在九千仞的高处，燕雀只能在低处相互对视。不要去喝酸臭的饮品，看看那些饮酒之人的醉态多么可笑。识字识得认真，庸俗的习气自然远离。“人”字的笔画是一撇一捺，原本与“禽”字不同。只要潇洒不拘泥，“人”字与“天”字也没有区别。你们风华正茂，立志高远也不是难事。医治庸俗习气没有别的方法，只有博览群书、学习圣贤。

王夫之：立志之始，在脱习气

——《示子侄》

立志之始，在脱习气[1]。习气薰人，不醪[2]而醉。其始无端，其终无谓。袖中挥拳[3]，针尖竞利。狂在须臾，九牛莫制。岂有丈夫，忍以身试！彼可怜悯，我实惭愧。前有千古，后有百世。广延九州，旁及四裔[4]。何所羁络？何所拘执？焉有骐驹，随行逐队。无尽之财，岂吾之积。目前之人，皆吾之治。特不屑耳，岂为吾累。潇洒安康，天君[5]无系。亭亭鼎鼎，风光月霁。以之读书，得古人意。以之立身，踞豪杰地。以之事亲，所养惟志。以之交友，所合惟义。惟其超越，是以

[1] 脱习气：指改变不良的作风。

[2] 醪（láo）：浊酒。此处用作动词，指喝酒。

[3] 袖中挥拳：形容迫不及待地与人争斗。

[4] 四裔：指幽州、崇山、三危、羽山四个边远地区，因在四方边裔，故称。后因以“四裔”指四方边远之地。

[5] 天君：指心。古人以心为五种感官的主宰。

和易[1]。光芒烛天，芳菲匝地。深潭映碧，春山凝翠。寿考维祺[2]，念之不昧。

译文

树立志向的开始，在于摆脱不良的习气。不良习气对人的影响，就像使人闻到醇厚的酒气，不饮酒就醉了。最初在无形之中受到（不良习气）的影响，如不加以克制最后就会让人什么都无所谓了。在衣袖中挥舞拳头，在针尖大的地方追逐利益。突然之间发起疯来，九头牛也拉不住。哪有大丈夫忍心去做这些事呢？那些人说起来可怜，我实在是为他们感到惭愧。我们在时间上前有千年，后有百代，在空间上面对九州，旁及四方，有什么羁绊？有什么拘束？哪有志在千里的人，与凡夫俗子为伍的？天下无穷无尽的财富，怎么会是我的私蓄？目前所见的这些人，都是我治己的镜子。我对他们只有不屑，怎会受他们拖累？为人要潇洒安康，不要追名逐利。心境高洁宽广，如雨过天晴，一片明净清新景象。以这样的心境去读书，能领略古人的深意；去立身处世，能成为英雄豪杰；去侍奉双亲，能仰承祖先高远志向；去结交朋友，能合于道义。这样的人，因为超越平庸，所以温和平易。他像光芒照耀天地，像花草铺满大地，像深潭倒映碧空，像春山凝聚翠色。做到这些就能高寿多福，你们要牢记不要遗忘。

---

[1] 和易：温和平静，温和平易。

[2] 寿考维祺：长寿是最大的吉祥。语出《诗经·行苇》："寿考维祺，以介景福。"

胡达源[1]：人无百年不衰之筋骸，而有百年不衰之志气

——《弟子箴言·奋志气》

人无百年不衰之筋骸，而有百年不衰之志气。血气用事，嗜欲[2]梏亡，则筋力易衰；志气清明，义理充裕，则精神自固。故曰：不学便老而衰，恐嗜欲之梏亡也。

物闲则蠹，人闲则废。此身在家庭，伦纪之事系焉。此身在天下，民物之事系焉。为闲人者，即废人也，此心安乎？

“贞固足以干事”，具有全副精神。精神生于志气，志气奋乎道义。

德之慧，术之智，皆从疢疾[3]中奋发振起出来。故经锻炼者为精金[4]，经磨砺者为良士。

顶天立地的人，泛言之，是戴高履厚之俦；实言之，有经天纬地之事。三才者，天地人，切莫轻看此“人”字。

---

[1] 胡达源（1777—1841）：字清甫，号云阁，湖南益阳人，胡林翼之父。嘉庆二十四年（1819）以一甲三名进士及第，授翰林院编修，道光八年（1828）任贵州学政，官至侍讲学士，一度主讲长沙城南书院。

[2] 嗜欲：嗜好与欲望，多指贪图身体感官方面享受的欲望。

[3] 疢（chèn）疾：灾害疾病，也指忧患。

[4] 精金：精炼的金属。

译文

人没有百年都不衰弱的身体，却可以拥有百年都不衰弱的志气。意气用事，贪图享受而丧失本性，则身体容易衰弱；神志清明，学问修养渊博高深，则精神自然坚定。所以说，人如果不读书学习，年纪大了就会变得衰弱无能，因此要特别防止因为贪图享乐而丧失志气。

物品闲置就会被虫蛀蚀，人无所事事就会变得无用。人身在家庭之中，就要关心纲纪伦常之类的事情；人身在关乎天下社稷的地方，就要关心民众疾苦和万物昌顺的事情。做一个无所事事的人，就是一个无用的人，这样会心安吗？

“诚信坚强足以办好所有事情”，这是一种很好的精神。精神由志气产生，志气则因道德和正义而兴起。

修养道德的智慧、运用技巧的聪明，都是人在忧患中奋发振作时产生的。因此经过锻炼的金属叫作精金，经过磨砺的人物叫作良士。

顶天立地的人，泛泛而言是头顶苍天脚踩大地，实际讲来有经天纬地的事业。所谓三才，是天、地、人，千万不要看轻这个“人”字。

曾国藩[1]：读书在发奋自立

——《致澄弟温弟沅弟季弟》

观四弟来信甚详，其发愤自励之志，溢于行间；然必欲找馆[2]出外，此何意也？不过谓家塾离家太近，容易耽搁，不如出外较清净耳。然出外从师，则无甚耽搁；若出外教书，其耽搁更甚于家塾矣。且苟能发奋自立，则家塾可读书，即旷野之地，热闹之场，亦可读书，负薪牧豕[3]，皆可读书。苟不能发奋自立，则家塾不宜读书，即清净之乡，神仙之境，皆不能读书。何必择地？何必择时？但自问立志之真不真耳！

六弟自怨数奇[4]，余亦深以为然。然屈于小试[5]，辄发牢骚，吾窃笑其志之小，而所忧之不大也。君子之立志也，有民胞物与[6]之量，有内圣外王[7]之业，而后不忝于父母之

[1] 曾国藩（1811—1872）：清末洋务派官员和湘军首领。字伯涵，号涤生，湖南湘乡白杨坪（今属双峰）人。道光十八年（1838）进士。曾任内阁学士兼礼部侍郎及两江总督等职。对晚清政治、军事、文化有重要影响，被称为“晚清中兴四大名臣”之一。今辑有《曾国藩全集》。

[2] 馆：旧时私设的教学场所。

[3] 负薪牧豕：此处形容读书环境的恶劣。负薪，背柴，相传汉代朱买臣挑着柴禾，边走路边读书。牧豕，放猪，汉代的承宫放猪时听人讲解经书。

[4] 数奇：指命运不好，遇事多不利。

[5] 小试：旧时太学生、童生应贡举及学政、府县之考试。

[6] 民胞物与：民为同胞，物为同类。泛指爱人和一切物类。

[7] 内圣外王：古代修身为政的最高理想。在内备圣人之至德，施之于外，则为王者之政。

生，不愧为天地之完人[1]。故其为忧也，以不如舜不如周公为忧也，以德不修学不讲为忧也。是故顽民梗化则忧之，蛮夷猾夏则忧之，小人在位、贤人否闭则忧之，匹夫匹妇不被己泽则忧之。所谓悲天命而悯人穷，此君子之所忧也。若夫一体之屈伸，一家之饥饱，世俗之荣斥得失、贵贱毁誉，君子固不暇忧及此也。六弟屈于小试，自称数奇，余窃笑其所忧之不大也。

译文

四弟来信写得很详细，他发奋自我勉励的志向，流露在字里行间。但一定要出外找学堂，这是什么意思？他只说家塾离家里太近，容易耽搁，不如外出较为清静。然而出外从师，自然没有耽搁。如果是出外教书，那耽搁起来，那怕是比在家塾里还厉害。而且如果真能发奋自立，则不光在家塾可以读书，就是旷野之外、热闹场所，也可以读书，背柴放牧，都可以读书。如不能发奋自立，则不光家塾不宜读书，就是在清静的地方、神仙居住的环境，也不会用心读书。何必要选择地方？何必要选择时间？只须问自己，自立的志向是不是真的。

六弟埋怨自己的命运不佳，我也深以为然。但只是小试失利，就发牢骚，我暗笑他志向太小，忧虑的东西不大。君子立志，拥有泛爱万民万物的器量，完成内圣外王的大业，然后才不负父母生育自己，不愧为天地间的一个完人。所以他所忧

[1] 完人：人格圆满，道德、学识、行为毫无缺点的人。

虑的，是自己不如舜帝、不如周公，是德行没有修整、学问没有大成。所以，顽固的刁民难以感化，他忧心；蛮夷拒绝向华夏归顺，他忧心；小人在位，贤人远遁，他忧心；普通百姓没有得到自己的恩泽，他忧心。通常所说的悲天命而怜悯百姓穷苦，这是君子的忧虑。至于个人是否得志，一家人的饥饱，世俗的荣辱得失，贵贱毁誉，君子是没有时间去考虑的。六弟受挫于一次小试，就自称命运不佳，我暗笑他所忧虑的事情不够广大。

曾国藩：修德进业在于立志

——《致澄弟温弟沅弟季弟》

自七月发信后，未接诸弟信，乡间寄信较省城百倍之难，故余亦不望也。

九弟前信有意与刘霞仙[1]同伴读书，此意甚佳。霞仙近来读朱子书，大有所见，不知其言语容止、规模气象何如？若果言动有礼，威仪可则，则直以为师可也，岂特友之哉！然与之同居，亦须真能取益乃佳，无徒浮慕虚名。人苟能自立志，则圣贤豪杰何事不可为？何必借助于人！“我欲仁，斯仁至矣。”我欲为孔孟，则日夜孜孜，惟孔孟之是学，人谁得而御我哉？若自己不立志，则虽日与尧、舜、禹、汤同住，亦彼自彼，我

[1] 刘霞仙：即刘蓉（1816—1873），字孟容，号霞仙，湖南湘乡人，湘军将领、桐城派古文家，官至陕西巡抚。著有《养晦堂文集》等。

自我矣，何与于我哉！去年温甫[1]欲读书省城，吾以为离却家门局促[2]之地而与省城诸胜己者处，其长进当不可限量。乃两年以来，看书亦不甚多，至于诗文，则绝无长进，是不得归咎于地方之局促也。去年余为择师丁君叙忠[3]，后以丁君处太远，不能从，余意中遂无他师可从。今年弟自择罗罗山[4]改文，而嗣后杳无消息，是又不得归咎于无良友也。日月逝矣，再过数年则满三十，不能不趁三十以前立志猛进也。

余受父教，而余不能教弟成名，此余所深愧者。他人与余交，多有受余益者，而独诸弟不能受余之益，此又余所深恨者也。今寄霞仙信一封，诸弟可钞存信稿而细玩之。此余数年来学思之力，略具大端。

六弟前嘱余将所作诗录寄回。余往年皆未存稿，近年存稿者不过百余首耳，实无暇抄写，待明年将全本付回可也。

译文

自从七月寄出信以后，没有接到各位弟弟的来信。乡里寄信和省城相比要难百倍，所以我也不十分盼望。

九弟上次信中说他有意与刘霞仙做伴读书，这个想法很好。

[1]温甫：即曾国华（1822—1858），字温甫，号深斋，湖南湘乡人，曾国藩胞弟。

[2]局促：狭窄，不宽敞。

[3]丁君叙忠：即丁叙忠（1800—1869），字仲伦，号秩臣，湖南长沙人，清末著名数学家丁取忠之长兄。著有《读易通解》等。

[4]罗罗山：即罗泽南（1808—1856），字仲岳，号罗山，湖南双峰人。湘军将领、理学家、文学家。著有《西铭讲义》等。

霞仙近来读朱熹的书，很有见解，但不知道他的仪容举止、心胸格局怎样？如果言语举动有礼，威仪可为表率，那么直接把他当作老师也可以，不要只限于做朋友！但是与他同住，也要真能得到益处才好，不要只是仰慕别人的虚名。一个人假若自己能立志，那么圣贤豪杰之类的事情什么不能做到？何必借助别人！“我想仁，便达到仁了。”我要做孔子、孟子，那就日夜孜孜以求，一心一意向孔子、孟子学习，谁能阻止得了我呢？如果自己不立志，那么即使天天和尧、舜、禹、汤同住，也还是他是他、我是我，对我有什么帮助呢？去年温甫想到省城读书，我以为离开家庭局促的狭小天地，而和省城那些强过自己的人相处，他的进步一定不可限量。但是两年以来，他看书也不是很多，至于他的诗文，则根本没有长进。这样看来，不进步不能归因于地方的狭小。去年我为他选择丁叙忠为老师，后来他因丁君地方太远了，不想跟他学习，我心中便没有其他好老师可以教他学习了。今年弟弟自己选择罗罗山（指导）修改文章，后来却没有任何消息。这样看来，不进步也不能归因于没有良师益友。时光飞逝，再过几年，弟弟就满三十岁了，一定要趁三十岁之前立志并迅速进步。

我受父亲教育，却不能教弟弟成名，这是我深感惭愧的事。别人与我交往，大多可以受到我的教益，而独独我自己的几位弟弟却没有受到我的教益，这又是我所深感遗憾的。现在我给霞仙寄了一封信，各位弟弟可抄下来保存，细细品读。我数年来学习思考的心得，大体上都写在这封信里了。

六弟之前嘱咐我把作的诗抄录寄回，我往年所作的诗都没有存稿，近年存了底稿的诗也不过一百多首。我实在没有时间抄写，等明年寄回全本吧。

左宗棠[1]：读书作人，先要立志

——《与孝威孝宽[2]》

读书作人，先要立志。想古来圣贤豪杰是我者般年纪时是何气象[3]？是何学问？是何才干？我现才那一件可以比他？想父母送我读书，延师训课[4]是何志愿？是何意思？我那一件可以对父母？看同时一辈人，父母常背后夸赞者是何好样？斥詈[5]者是何坏样？好样要学，坏样断不可学。心中要想个明白，立定主意，念念要学好，事事要学好。自己坏样一概猛省猛改，断不许少有回护[6]，断不可因循苟且[7]，务期与古时圣贤豪杰少小时志气一般，方可慰父母之心，免被他人耻笑。

---

[1] 左宗棠（1812—1885）：清末洋务派官员和湘军首领。字季高，湖南湘阴人。道光十二年（1832）举人。一生功勋卓著，曾编练“楚军”，屡建奇功；创建洋务运动重要军工企业之一福州船政局，抵御列强侵略；奉命以钦差大臣督办新疆军务，筹划并收复了新疆；调任两江总督兼南洋通商大臣，力主收复台湾，后病逝于福州。有《左文襄公全集》，今辑有《左宗棠全集》。

[2] 孝威孝宽：左宗棠的长子和次子。

[3] 气象：事物的情况、态势。

[4] 延师训课：聘请教师，训诲督促。

[5] 斥詈（lì）：斥责，责骂。

[6] 回护：袒护，庇护。

[7] 因循苟且：指沿袭旧的，敷衍应付。

志患不立，尤患不坚，偶然听一段好话，听一件好事，亦知歆动[1]羡慕，当时亦说我要与他一样，不过几日几时，此念就不知如何销歇去了！此是尔志不坚，还由不能立志之故。如果一心向上，有何事业不能做成？

译文

读书做人，首先要立下志向。想一想古代的圣贤豪杰在我们这样的年纪时，是什么样的状态？是什么样的学问？是什么样的才干？我现在有哪一样可以与他们相比？想一想父母让我们读书，请老师教授学问，有什么愿望？有什么想法？我做的事哪一件可以对得起父母？看一看同龄人，父母经常背后夸赞的那些人做对了什么？被斥骂的那些人又做错了什么？好的要学习，坏的一定不能学。心中要思考清楚，拿定主意，一心要学好，事事要做好。自己的不足要勇于反省勇于改正，一定不能找借口，不能敷衍应付。务必有古代的圣贤豪杰小时候的志气，才能让父母放心，不被他人耻笑。

人就怕没有志向，尤其怕志向不坚定。偶然听到别人的英雄事迹，也知道激动和羡慕，当时就想我也要和他一样。但过不了几天，这个念头不知道怎么就没有了。这是志向不坚定和不明白如何立志的缘故。如果一心向上，什么事业不能成功？

[1] 歆动：欣喜动心。

浏阳杨氏家训：志不立，天下无可成之事

吾人立身天地间，只思量作得一个人是第一义，余事都没要紧。作人的道理，不必多言，即看《小学》[1]便是，依此作去，岂有差失？从古聪明睿智、圣贤豪杰，只于此见得透，下手[2]早，所以其人千古万古不可磨灭。闻此言不信，便是凡愚[3]，所宜猛省。

志不立，天下无可成之事。虽百工技艺，未有不本于志者。志不立，如无舵之舟，无衔之马[4]，漂荡奔逸，何所底乎？昔人有言："使为善，而父母怒之，兄弟怨之，宗族乡党恶之，如此而不为善可也。为善则父母爱之，兄弟悦之，宗族乡党敬信之，何苦而不为善？使为恶而父母爱之，兄弟悦之，宗族乡党敬信之，如此而为恶可也。为恶则父母怒之，兄弟怨之，宗族乡党贱恶之，何苦而必为恶？"子孙念之，可以知所立矣。

译文

人生在世，只有思考如何做人才是第一重要的事，其他的与之相比都是小事。做人的道理，不需多费口舌，只需去阅读《小学》就会知道。通过这种方式学做人，就很难有差错！自古

---

[1]《小学》：宋代朱熹编纂的儿童教本，宣扬孔孟学说，教人成圣成贤。

[2] 下手：着手去做。

[3] 凡愚：指平庸愚昧的人。

[4] 无衔之马：没有缰绳的马。

以来的聪明睿智之士、圣贤豪杰之人，对于这一点看得通透，很早就开始践行，所以他们的形象千秋万代永不磨灭。听到这些话却不相信，就是平庸愚昧的人，应该猛然省悟。

不确立志向，天下没有可做成的事情。即使是各种工匠艺人，也没有不以立志为本的。人不确立志向，就像没有舵手掌控的船、没有缰绳牵制的马，到处飘荡着、乱跑着，不知道哪里才是终点！曾经有一个人说："如果所做的善事让父母生气、兄弟怨恨、族人和同乡厌恶，这种情况下放弃行善，也是可以的。做善事，让父母喜爱你，兄弟开心，族人和同乡尊敬信任你，那么再辛苦也要做这样的善事。假使是做了坏事，但却让父母喜爱、兄弟高兴、族人和同乡尊敬信任，那么这种坏事也是可以做的。做坏事，让父母生气、兄弟怨恨、族人和同乡厌恶，何苦一定要作恶呢？"子孙后代们仔细思考这些道理，就会知道自己应该立下怎样的志向。

湘乡文氏[1]家训：人生不可不立志

要立志。志者，心之所向。我心要做好人，自然向好人一边做去；我心要做歹人，自然向歹人一边做去。所以人生不可

[1] 湘乡文氏家族原居蜀地，后由蜀迁吴，再由吴迁江西，历九代后，方从江西迁入湖南湘乡。始祖文伯琦于北宋大观年间落籍湘乡长田坪。再传六世至文渊淙，迁居高冲双井，文渊淙二十一代孙文锦薰娶贺氏，生三女，第三个女儿在家族中行七，又名文七妹，嫁给韶山冲毛贻昌，相继生下毛泽东、毛泽民、毛泽覃。

不立志。立志务期光明正大，便可为圣为贤。如或好小利，顾眼前，便流入卑下矣。

译文

人要树立志向。志向就是一个人内心想追求的目标。我内心想要成为一个好人，我的言行便自然而然地向好人靠拢。我内心想要成为一个坏人，我的言行也就自然而然地向坏人学习。因此，人一定要有自己的志向。树立远大的志向，便能够成长为圣明贤能的人。如果喜欢贪图细小的利益，只顾眼前而没有长远的打算，便会成为品格低下的人。

（二）修身：立德为先，严于律己

中华优秀传统文化的核心特征之一，就是重视修身立德。《礼记·大学》曰：“身修而后家齐，家齐而后国治，国治而后天下平。”在传统儒家看来，修身是根本，人只有在修好自身的品德后才能治理好家族，进而治理好国家，如此天下才能太平。可见，在传统文化中，修身是第一位的，是齐家、治国、平天下的基础。

怎样才是修身呢？在古人看来，修身，一是修德行，二是修智慧。所谓德才兼备，便是修身的结果，其中，修德行又是修身的重中之重。宋代大儒朱熹说：“德行之于人大矣……士诚知用力于此，则不惟可以修身，而推之可以治人，又可以及夫天下国家，故古之教者莫不以是为先。”从中可以看出朱熹对道德修养的重视程度。个人品德是社会公德、职业道德、家庭美德的重要前提，没有良好的个人品德修养，就谈不上公德心、责任感和荣辱观。

湖湘传统家训极为重视个人的品德修养。曾纪泽在《巴黎复郭饴孙、丰饴两甥》中要求两个外甥戒除世家子弟容易犯的两个毛病，即傲和惰，希望他们能做到谦和勤。左宗棠告诫儿子左孝威在得意之时，最宜仔细检点身心，“断断不准稍涉放纵”，在大庭广众之下，也宜收敛静默，即使在家庭之中，举手投足也当“敬慎出之，莫露轻肆故态”。

毛泽东曾说：“愚于近人，独服曾文正。”曾国藩一生勤奋好学、修身律己，在《日课四条》中，他总结出了修身的四种方法：一是慎独则心安。所谓慎独，即在独处时都能谨慎不苟，时时省察、改正自己的言行过失。在传统儒家看来，如能做到慎独，久而久之，便能在自我反省时不会感到愧疚，就可以与天地鬼神相对质，此心就常常快乐、满足、宽舒和平静。二是主敬则身强。在待人接物中，不管人多人少、事大事小，都以恭敬之心待之，毫不懈怠轻慢。三是求仁则人悦。即讲求仁爱，并推而广之，从而做到立己达人，令人心悦诚服。四是习劳则神钦。意思是勤劳吃苦，广济百姓，则能得到神灵的敬仰。曾国藩每天晚上用这四条日课督促自己，每月月底对照这四条日课检查身心言行。他还将《日课四条》寄给子侄，督促他们进德修业。

李文炤[1]：兢兢自守以终其身

——《与儿章达》

贺寿非古也。今之君子多有行之者，大抵皆行成而名立，可以无忝于所生者尔。若我则少而有志，壮而自怠，不觉蹉跎以至于半百而迄无所成。每诵杜子美“多少浮生事，飘零付转

[1] 李文炤（1672—1735）：字元朗，号恒斋，湖南长沙人。康熙五十二年（1713）举人。授谷城教谕，未赴任。曾任岳麓书院山长。著有《恒斋文集》《周礼集传》《家礼拾遗》等。

蓬”之句，不胜愧恨。此汝曹之所当以为戒者，而反以为贺耶？况五兄弃世[1]，哀痛方殷。乃欲释凶服[2]而受庆祝，则是坏法乱纪，自身而始矣。尚能率子弟以古处乎？且人生盖棺事定[3]，故虎尾春冰[4]，日慎一日，犹恐名浮于实。此人心之所以惟危也。倘能兢兢自守以终其身，则百世之下，自有公论耳，岂在乎屏帐之夸张也？千万力辞族姻诸友，莫作是念。不然，则不得不远行以避之。然以酷暑之时，而勒人远行，于汝心亦必有戚戚[5]焉者矣。

译文

做寿并非古礼。现在的君子有很多做寿的，他们大多事业有成，名声流传，可以无愧于父母的生养之恩。至于我，少年时就立下了志向，壮年时却自我懈怠，不知不觉中虚度光阴，以至于年过半百却始终没有成就。每次诵读杜甫“多少浮生事，飘零付转蓬”的诗句，就感到非常的愧疚悔恨。这是你们应当引以为戒的，难道还要反过来庆贺吗？况且五兄去世，我正处于极度的悲哀痛苦之中。如果此时我还想着脱去丧服接受庆祝，那么败坏法度、扰乱纲纪，就是从我开始的。倘若是这样，我还能以身作则，教育子弟以先贤圣人之道相处吗？并且人的一

[1] 弃世：离开人世，指人死亡。

[2] 凶服：丧服。

[3] 盖棺事定：犹盖棺论定。指人的是非功过到死后才能做结论。

[4] 虎尾春冰：踩着老虎尾巴，走在春天将解冻的冰上。比喻处境非常危险。

[5] 戚戚：忧惧、忧伤的样子。

生，功过是非要等死去之后才能评价，所以人生在世，要如履薄冰，事事谨慎，防止自己名不副实。这就是我所在意和感到不安的地方。如果能小心谨慎，终身坚持操守，那么百代之后，自然有公道的评论，难道在于自己人的夸大其词吗？一定要尽力谢绝族人及姻亲朋友，不要有（为我祝寿）这样的想法。不然，我就只能远走他乡来躲避了。然而现在正当酷暑之时，逼迫我远行，你也会于心不忍吧。

曾国藩：慎独、主敬、求仁、习劳

——《谕纪泽纪鸿[1]》

一曰慎独[2]则心安。自修之道，莫难于养心。心既知有善、知有恶，而不能实用其力，以为善去恶，则谓之自欺。方寸之自欺与否，盖他人所不及知，而己独知之。故《大学》之“诚意”章，两言慎独。果能好善如好好色，恶恶如恶恶臭，力去人欲，以存天理，则《大学》之所谓自慊[3]，《中庸》之所谓戒慎恐惧，皆能切实行之。即曾子之所谓自反而缩[4]，孟子之所谓仰不愧、俯不怍，所谓养心莫善于寡欲，皆不外乎是。故能慎独，则内省不疚，可以对天地质鬼神，断无行有不慊于

---

［1］纪泽纪鸿：曾纪泽、曾纪鸿，曾国藩的长子、次子。

［2］慎独：儒家的一种道德修养方法。指在闲居独处、无人监督之时，更须谨慎从事，自觉遵守各种道德准则。

［3］自慊（qiè）：自足，自快。慊，满足，惬意。

［4］自反而缩：自我反省后内心依然坚定。

心则馁之时。人无一内愧之事，则天君泰然，此心常快足宽平，是人生第一自强之道，第一寻乐之方，守身之先务也。

二曰主敬则身强。“敬”之一字，孔门持以教人，春秋士大夫亦常言之，至程朱则千言万语不离此旨。内而专静纯一，外而整齐严肃，“敬”之工夫也；出门如见大宾，使民如承大祭，“敬”之气象也；修己以安百姓，笃恭而天下平，敬之效验也。程子谓上下一于恭敬，则天地自位，万物自育，气无不和，四灵[1]毕至。聪明睿智，皆由此出。以此事天飨帝，盖谓敬则无美不备也。吾谓“敬”字切近之效，尤在能固人肌肤之会，筋骸之束；庄敬日强，安肆日偷，皆自然之征应。虽有衰年病躯，一遇坛庙祭献之时，战阵危急之际，亦不觉神为之悚，气为之振，斯足知敬能使人身强矣。若人无众寡，事无大小，一一恭敬，不敢懈慢，则身体之强健，又何疑乎？

三曰求仁则人悦。凡人之生，皆得天地之理以成性，得天地之气以成形。我与民物，其大本乃同出一源。若但知私己，而不知仁民爱物，是于大本一源之道已悖而失之矣。至于尊官厚禄，高居人上，则有拯民溺救民饥之责。读书学古，粗知大义，即有觉后知、觉后觉之责。若但知自了，而不知教养庶汇，是于天之所以厚我者辜负甚大矣。

孔门教人，莫大于求仁，而其最切者，莫要于“欲立立人、欲达达人”数语。立者自立不惧，如富人百物有余，不假外求。达者四达不悖，如贵人登高一呼，群山四应。人孰不欲己立己

[1] 四灵：《礼记 · 礼运》中有“麟凤龟龙，谓之四灵”。

达？若能推以立人达人，则与物同春矣。后世论求仁者，莫精于张子之《西铭》。彼其视民胞物与，宏济群伦，皆事天者性分当然之事。必如此，乃可谓之人；不如此，则曰悖德、曰贼。诚如其说，则虽尽立天下之人，尽达天下之人，而曾无善劳之足言，人有不悦而归之者乎？

四曰习劳则神钦。凡人之情，莫不好逸而恶劳。无论贵贱智愚老少，皆贪于逸而惮于劳，古今之所同也。人一日所着之衣、所进之食，与一日所行之事、所用之力相称，则旁人韪之，鬼神许之，以为彼自食其力也。若农夫织妇终岁勤动，以成数石之粟、数尺之布；而富贵之家终岁逸乐，不营一业，而食必珍馐，衣必锦绣，酣豢高眠[1]，一呼百诺。此天下最不平之事，鬼神所不许也，其能久乎？

古之圣君贤相，若汤之昧旦丕显，文王日昃不遑，周公夜以继日、坐以待旦，盖无时不以勤劳自励。《无逸》一篇，推之于勤则寿考，逸则夭亡，历历不爽。为一身计，则必操习技艺，磨炼筋骨，困知勉行，操心危虑，而后可以增智慧而长才识。为天下计，则必己饥己溺，一夫不获，引为余辜。大禹之周乘四载，过门不入，墨子之摩顶放踵[2]以利天下，皆极俭以奉身，而极勤以救民。故荀子好称大禹、墨翟之行，以其勤劳也。

军兴以来，每见人有一材一技、能耐艰苦者，无不见用

---

[1] 酣豢高眠：沉溺享受，高枕安眠。

[2] 摩顶放踵：从头顶到脚跟都擦伤了。形容不辞劳苦，不顾身体。摩，摩擦。顶，头顶。放，到。踵，脚后跟。

于人，见称于时。其绝无材技、不惯劳作者，皆唾弃于时，饥冻就毙。故勤则寿，逸则夭；勤则有材而见用，逸则无能而见弃；勤则博济斯民而神祇钦仰，逸则无补于人而神鬼不歆。是以君子欲为人神所凭依，莫大于习劳也。

余衰年多病，目疾日深，万难挽回。汝及诸侄辈身体强壮者少。古之君子修己治家，必能心安身强，而后有振兴之象；必使人悦神钦，而后有骈集之祥。今书此四条，老年用自儆惕，以补昔岁之衍；并令二子各自勖勉，每夜以此四条相课，每月终以此四条相稽；仍寄诸侄共守，以期有成焉。

译文

第一条：慎独能使人心灵安定。自我修身的过程，最难莫过于养心。心里既然知道善恶，却不能在实际行动中去行善去恶，就是欺骗自己。人在内心中是不是欺骗自己，这都是别人所不知道的，唯独自己知道。所以《大学》的“诚意”章中两次提到慎独。如果真能像喜欢美色那样喜欢善，像讨厌恶臭那样讨厌恶，力除私欲而保全天理，那么《大学》所提倡的“自足、自快”，《中庸》所说的“在无人之处也能警惕谨慎、戒惧小心”，都能切实做到。这也就是曾子所说的“自我反省是否得理，然后采取行动”，孟子所说的“俯仰无愧”，以及“养心的最好办法莫过于减少欲望”，都不外乎是这一点。所以，能慎独就能在心中反省而不会感到愧疚，就可以与天地鬼神相对质，必定没有任何行为不使内心快乐、满足。即使在饥困中，人没有一件内心愧疚的事，那么内心泰然，这颗心就常常快乐、满足、宽舒和平静。这是人生第一自强之道，第一等寻求快乐的方法，也是守身处世的第一要务。

第二条：以敬为立身的根本，身体就会强健。“敬”这个字，孔孟用来教育人，春秋时期的士大夫也经常谈论这一点，到程子朱子时说了千言万语，都离不开这个主旨。内心安静、纯粹，外在整齐、严肃，这就是“敬”字的功夫。出门时如接见重要宾客，役使民众如同举办重大祭祀，这就是“敬”字的气象。自己加强修养以安抚百姓，笃志恭敬而使天下太平，这就是“敬”的效验。程子说上下都统一推行恭敬之道，那么天地自然各得其位，万物自然生长，阴阳无不调和，麟凤龟龙这些吉祥动物都会出现，聪明才智之士都会从这里生出。拿这种精神来奉祀天帝，只要恭敬就会达到无美不备的境界。我认为“敬”字最切实的功效，还在于可以滋养肌肤、强健筋骨。庄严、恭敬就会日渐强健，安逸、放肆就会每天不觉受损，这些都是很自然的印证。即使年老体弱的人，一遇到坛庙祭献、战阵危急的时候，也不自觉地会表现出恭敬和振奋的神态，这足以知道“敬”能使人身体强健了。如果无论人多人少、事大事小，都保持恭敬，不敢懈怠轻慢，就能身体强健，这又有什么可以怀疑的呢？

第三条：追求仁道就能使人和悦。人一出生，就得到天地之理而生成自己的本性，得到天地之气而长成自己的肉身。我与民众及万物，从根本上说都是同出一源，如果只知道利己却不知道对民众万物施以仁爱，就是违背并丧失了大本同源的道理。至于那些享有高官厚禄的人，地位高的人，就应该承担起救民于水火、济民于饥寒的责任。读古书学习古人，大概知道了古圣先贤的大德大义，就应该肩负起启发后知后觉者的责任。如果只是满足于自己知道，却不去教育和培养庶民大众，就严重辜负了天地对我们的厚爱。

孔门教育人，没有比追求仁更重要的，而追求仁最根本的莫过于“如果自己想自立，那么也要让别人自立；如果自己想通达，那么也要让别人通达”这几句话。能够自立的人无所畏惧，如同富人拥有大量财物而不需向外求借一样。能通达的人事事处处都会顺达，受人尊敬，如同贵人登高一呼，群山响应。谁不想自立自达？若能推而广之做到立人达人，那就是与万物同享春天了。后世讨论求仁，最精当的莫过于张载的《西铭》。他主张视民为同胞、视物为同类，以及以宏大之心广济苍生，都是遵循天理者分内应做的事。只有这样做才能称之为人，不这样做就违背道德，就是贼。假使确实如他说的那样，让天下人自立通达，那么即使没有用美言自夸长处，人们也都会高高兴兴地归附于他。

第四条：勤奋劳动，就会受人钦佩。人的本性，没有不好逸恶劳的，无论高贵还是卑贱，聪明还是愚蠢，年老还是年少，都贪图安逸而惧怕劳苦，这是古今一致的规律。人一天所需要的衣食，与一日所做的事、所用的力相称，那么他人才会认可，鬼神也会赞许，以为是你自食其力的结果。那些农夫和织妇，终年勤奋劳作才收获数石粮食、数尺布匹，而富贵之家终年安逸享乐，不做一件事，却吃珍馐、穿锦绣、酣睡高卧、一呼百应，这是天下最不公平的事情，是鬼神所不允许的，这样的荣华富贵会长久吗？

古代的圣君贤相，像商汤天不亮就起床，文王天不黑不休息，周公更是夜以继日、通宵达旦，都时时刻刻以勤奋自勉。《尚书·无逸》一篇中提到勤劳则长寿、安逸则夭亡，是一点都不错的。为自己考虑，应该操练各种技艺，磨炼筋骨，在困境中奋力前进，殚精竭虑，然后才可以增进智慧，增长见识。为天下考虑，则必须对别人的苦难感同身受。一个农夫没有收成，要看作是自己的失职。像大禹为了治水而三次过家门不入，墨子为了天下人的利益不辞劳苦，这都是自己十分节俭、勤政为民的好例子。所以荀子喜欢称赞大禹和墨翟的品行，因为他们是勤奋的典范。

战事开始以来，我每次看到那些有专长又能吃苦耐劳的人，没有不被重用、不受称赞的。那些没有一点才华和专长又不愿意努力的人，都被世人所唾弃，饥寒而死。所以，勤劳就能长寿，安逸就会夭亡；勤劳有才干者必被重用，贪图安逸而无能者必被厌弃；勤劳能广济百姓而受神灵敬仰，安逸则于事无补而遭鬼神唾弃。所以君子要得到人神的赞许，最好的办法就是勤劳吃苦。

我年老多病，眼病越来越重，很难再恢复。你们及各位侄儿身体强壮的很少。古代君子，要想修身治家，一定要使自己内心安静，身体强壮，然后才有振兴的迹象；一定要让众人喜悦，鬼神钦敬，才会出现祥瑞并集的场面。现在写这四条，对于我这个年老之人，是用以自我警示并弥补往年的过失。同时也让你们兄弟二人各自勉励，每天晚上用这四条督促自己，每月月底对照这四条互相检查。同时也寄给几个侄子，让他们共同遵守，希望能有所成就。

左宗棠：宜自加省惧，断不可稍涉骄亢

——《与孝威》

前日寄一函由郭二叔转递。甫发数时，即接中丞及郭二叔书，知闰月初六日榜发，尔竟幸中三十二名[1]，且为尔喜，且为尔虑。古人以早慧早达为嫌，晏元献、杨文和李文正千古有几[2]？其小时了了、大来不佳者则已指不胜屈，吾目中所见，亦有数人。惟孙芝房侍讲稍有所成，然不幸中年赍志[3]，亦颇不如当年所期，其他更无论也。天地间一切人与物均是一般，早成者必早毁，以其气未厚积而先泄也。即学业亦何独不然？少时苦读玩索而有得者，皓首犹能暗诵无遗。若一读即上口，上口即不读，不数月即忘之矣。为其易得，故易失也。尔才质不过中人，今岁试辄高列，吾以为学业顿进耳。顷阅所呈试草，亦不过尔尔，且字句间亦多未妥适，岂非古人所谓“暴得大名不祥”乎？尔宜自加省惧，断不可稍涉骄亢，以贻我忧。

[1] 左孝威于同治元年（1862）中举，时年16周岁。

[2] 晏元献：晏殊（991—1055），北宋政治家、文学家，谥“元献”，14岁时以神童召试，赐进士出身。杨文：杨亿（974—1020），北宋官员、文学家，谥“文”，6岁时便能写文章，10岁时宋太宗及宰相面试，大加赞赏，授秘书省正字；淳化年间（990—994）试翰林，赐进士。李文正：李东阳（1447—1516），明朝重臣、书法家，谥“文正”，17岁中进士。

[3] 赍（jī）志：怀抱着志愿。

朱卷[1]自宜刻印分呈宗族亲友。有送贺仪[2]者无论轻重一概受之，写簿确记，遇有庆吊之事照数酬答。诗文均请伯父改正，免人批评。

此信到时，想已见过主考房师[3]矣。主考房师别号姓名可问明告知，以便作信谢之。我家虽寒薄，然外人必不体谅，太涉菲薄似不近情，只好勉强应付。一切问郭二叔、李仲云便得主意。

朱卷履历自须刻之。自我曾祖仁乡公以下至我父母均已咨请封典，京官任内加一级则从二品也。本支名字亦宜详载。

新例中式后必赴京复试。尔年尚小，难受北道风霜之苦，且学业平平，明岁仍不须赴都会试。查京官二三品以上子弟得举，应具折谢恩，但未知外官何如。如必须具折，我拟即将暂不能赴都、随侍军营以便教训之意入告，或邀俞允。

尔昨抄录闱作，字画潦草太甚，且多错落，又未习行书，随意乱写，致难认识，殊不喜之。嗣后断宜细心检点，举笔不可轻率也。

---

[1] 朱卷：为防止应试者疏通关节，考官识别字迹徇私舞弊，宋代以后科举考试时将考生所答墨卷弥封糊名，于阅卷前派专人将考卷用朱笔眷录，编上与原卷一致的号码，然后再送考官批阅。此外，考中后，将本人在场中所作之文刊印赠人，也叫“朱卷”。先载姓名履历，继载始祖以下尊属及兄弟叔侄、妻室子女，附载受业、受知师，最后选登文章数篇。此处朱卷为后者。

[2] 贺仪：贺礼。

[3] 房师：科举制度中，举人、贡士对荐举本人试卷的同考官的尊称。同考官各居一房，试卷经其选荐给主考官裁定后方能取中，因有此称。

谒祠、扫墓之礼自不可缺。族间光景甚苦，公项已无存留，一切可自备之，以数十缗为度。祠中可贴一挥：“奉到浙江大营来谕，明岁且缓北上，凡宗族亲党惠赠程仪[1]者概不敢领。孝威敬白。”庶免人家预备。谒祠、展墓[2]礼毕，即赴湘潭外家谒外祖母及各尊长，来往以十日为度。长沙诸亲友处亲送朱卷，数日了之。此外可无须酬应。朱卷以数十本为度官场不必送卷，同年须酬应者自宜周到，但非其人不可亲昵。近来习俗最重同年，其实皆借以广结纳耳，我素不取。当得意时最宜细意检点，断断不准稍涉放纵。人家当面奉承你，背后即笑话你。无论稠人广众中宜收敛静默。即家庭骨肉间，一开口，一举足，均当敬慎出之，莫露轻肆故态，此最要紧。

今年秋初吴都司归，曾寄薪水银二百两，此次未免又增一番用度。除却应用各项不宜太省，此外衣服等事概宜节之又节，免我远地牵挂。如实不敷，亦只准再寄百两。兵已缺饷七月，我岂可多寄银归耶？尔母病体稍愈否？衰老之年，药饵不可缺。近因省钱，故不服补剂，尔等当亦有所窥。省却闲钱，或可供药饵之资耳。

译文

前天给你寄了一封信，由郭二叔转递。刚发出去几个时辰，就接到了中丞和郭二叔的信，知道闰月初六乡试发榜，你竟然

[1] 程仪：送给出门旅行人的路费或礼物。
[2] 展墓：省视坟墓。

幸运地考中并排名第三十二名，既为你高兴，也为你忧虑。古人忌讳年少时便聪明出众和年少显达，晏殊、杨亿、李东阳，这样的人物千古以来能有几个？那些幼年聪明，长大后却不怎么样的人有很多，我亲眼所见的就有好几个。只有孙芝房侍讲稍稍有所成就，遗憾的是他中年才树立志向，成就不如当年的期许，其他的人就更不要说了。天地间的一切人和事物都是一样的，早成就的必定早毁败，因为他的气没有累积深厚就早早泄掉了。即使是学业也是这样！年少时苦苦攻读、体味思考而有所收获的人，到了头发花白的年纪仍然能够背诵而没有遗漏。如果一读就顺口，顺口后就不再诵读，要不了几个月就忘记了。因为容易得到，所以容易失去。你的资质不过是中等人的水平，如今参加岁考就一举高中，我还以为是你的学业突然长进了，刚刚阅读了呈送来的考卷样稿，也不过如此罢了，而且字句间也有很多不妥当的地方，这难道不是古人所说的“暴得大名不祥”吗？你应该自己反省戒惧，千万不能有一点点的骄纵不逊，而给我留下担忧。

朱卷自然适合刻印出来分别呈送给宗族中的亲友。有人赠送贺礼，无论轻重都一概接受，并在礼簿上确切记录，将来遇到喜事与丧事时再照数答谢。你所作的诗文都要请你伯父帮忙改正，以免被他人批评。

这封信到的时候，我想你已经见过主考房师了。主考房师的别号和姓名，你可以问清楚告诉我，以便我写信感谢。我家虽然不富裕，然而外人必定不会这么认为，太过于寒酸似乎不近人情，只好勉强应付。所有的事都可以请教郭二叔、李仲云，以便得到更好的应对方法。

朱卷上的履历自然应当刻写上。从我的曾祖仁乡公以下到我父母都已经具文呈请皇帝的荣典，我在京官任内加一级就是从二品。宗族本支的名字也应当详细地写明。

新例是乡试中举后要到京城复试。你年龄还小，难以经受北行之路上的风霜之苦，况且学问一般，明年还是不要去都城参加会试。我查知二、三品以上的京官如果子弟中举，应该上呈奏折谢恩，但不知道外官怎样。如果必须上呈奏折，我打算将你暂时不能赴京、让你在军营跟随侍奉以便接受训诫的意思予以禀告，也许能够得到圣上的允许。

你抄录的试卷，字画非常潦草，而且排列杂乱，又没有学习过行书就随意乱写，导致难以辨认，我很不喜欢这样。之后应该细心检查，下笔时不可随随便便。

祭拜宗祠、扫墓的礼节自然不可缺少。宗族间的经济情况甚为清苦，公共款项已经没有存留了，一切用度可以自己准备，以数十缗为限度。祠堂中可贴一告示："尊奉浙江大营来的指示，明年暂缓北上，凡宗族亲党惠赠路费的，一概不敢接受。孝威敬告。"以免别人预备。祭拜宗祠、清扫坟墓的礼节完毕后，就赶赴湘潭拜谒你的外祖母及各位尊长，来往以十天为限度。长沙诸亲友处你要亲自送去朱卷，要几天之内做完这件事。除此之外，其他可以无须应酬。朱卷以数十本为限（官场不必送卷），同榜考中的人须酬应的自然应当周到，但不是志同道合的人不要走得太近。近来习俗最重视同年，其实都是借以扩大私交，对此我向来不认同。人在得意的时候最应该细心检点，千万不要有一点放纵。人家当面奉承你，背后就笑话你。在人很多的场合，应该控制和约束自己的言行，保持安静。即使是家庭亲人间，言行举止都应当恭敬谨慎，不要露出轻率放肆的样子，这是最要紧的。

今年秋初吴都司回来，我曾经托他带回家薪水银两百两，这次（你高中）未免又要增加一些花费。除去应该花销的各项不要太过节省之外，衣服等方面不要讲究，能节省就要多节省，以免我担心家中开支困难。如果实在不够花销，也只能再寄百两银子回来。战士们已经缺饷七个月了，我怎么可以多寄银两回家呢？你母亲的病体好些了吗？她年纪大，药物不可以缺少。最近因为省钱，你母亲不再服用补药，你应当有所了解。节省一些钱，也许可以用来作为你母亲吃药的开支。

胡林翼[1]：当知所以自立之道

——《致雄侄》

侄今年将十六矣。成丁之岁[2]，当知所以自立之道。若一味倚赖父兄叔伯，鲜衣怒马，驰骋街衢[3]，无知者羡焉，识者

[1] 胡林翼（1812—1861）：湖南益阳人，字贶生，号润芝。胡达源之子，陶澍之婿。道光十六年（1836）进士。历官四川、湖北按察使、湖北布政使、湖北巡抚。有《胡文忠公遗集》。

[2] 成丁之岁：旧时指男子成年的年龄。成丁年岁，历朝不一，明清时 16 岁为成丁，即到了服役的年龄。

[3] 街衢：四通八达的大道。

则非笑之矣。侄为儿时，吾曾以方字授侄，琅琅上口，于是知侄之姿质[1]甚佳，其勉图上进，为家族光。

译文

侄儿今年就要满十六岁了。到了成丁的年龄，你应当知晓自立之道了。如果一味地依赖父亲兄长叔叔伯伯，每天着美服、骑壮马，驰骋在大街之上，不了解的人会羡慕他，了解的人只会耻笑他。你还是孩童的时候，我曾经教你认字，你读书声音洪亮，流畅通顺，由此知道你的禀赋很好，你要勤勉进取，为家族争光。

胡林翼：晏安鸩毒[2]，戒之戒之

——《致枫弟敏弟》

二弟在家，闻颇好舒服。兄闻之，以为非是。人生衣食住，诚为不可缺一者。然衣仅求其暖，食仅求其饱，住仅求其安，初不必衣罗绸，厌膏腴，而处华美之室也。吾家素尚俭朴，祖父在时，年届古稀，而辄喜徒步，不甘坐肩舆。父亲亦常劳筋骨，饿体肤，不自逸豫。吾兄弟数人虽所禀不同，然体质均尚健硕，年又值盛壮，安可甘自暴弃，放荡形体？沃土之民不材，

[1] 姿质：天资，禀赋。

[2] 晏安鸩毒：指贪图享受就等于喝毒酒自杀。晏安，贪图安逸、享乐。鸩毒，喝毒酒自杀。

瘠土之民向义，如之何而可忘怀耶？幸勉思所以自立。晏安鸩毒，戒之戒之。

译文

二位弟弟在家里，听说很贪图舒适。我听说后，认为不能这样。人生在世，穿衣、吃饭、居住，确实缺一不可。然而穿衣只需保暖、饮食只要能饱腹、居住只要能保安稳就行了，不必强求穿绫罗绸缎、吃肥美食物、住华美房间。我们家向来崇尚俭朴，祖父在世时，年已七十岁，还总是喜欢步行，不乐意坐轿子。父亲也经常有意让筋骨劳累，使身体忍受饥饿，不享受安乐。我们兄弟几人虽然禀赋不同，然而身体都还健康壮硕，又正当壮年，怎么能甘于自暴自弃，放纵自己呢？在肥沃土地上生活的人难以成材，在贫瘠土地上生活的人更向往道义，这样的道理怎么可以忘记呢？希望努力思考如何自立。贪图享乐等于是喝毒酒自杀，千万不要做这样的傻事。

曾纪泽[1]：仍举“谦”“勤”二字以相勖勉[2]

——《巴黎复郭饴孙、丰饴两甥》

自甥母去世以来，屡欲致书一询两甥景况，每一兴念，感触万端，无从说起，辄复韬笔[3]而止。顷得顺甥手书，如获珍宝，喜极而悲。又闻多甥体气日益壮实，尤慰所怀。甥母厄穷半生，赍志而没，幸有佳儿如吾甥者，见天道之犹可征也。来函不独文笔清畅，而论事亦秩然有理。窥豹一斑，异日必为有体有用之材，绳祖武[4]而慰先灵，事当不远，企予望之。世家子弟颖敏过人者，易蹈二病：曰“傲”，曰“惰”。然亦惟真颖敏者为能戒此二字。甥年虽幼，识解已如成人，二字在所必无，阿舅远在数万里之外，无以为赠，则仍举“谦”“勤”二字以相勖勉，庶几粹然美质，不至为甘言泛誉者所累耳。

---

[1] 曾纪泽（1839—1890）：清末外交官。字劼刚，湖南湘乡白杨坪（今属双峰）人。曾国藩长子。由荫生补户部员外郎，袭侯爵，官至兵部左侍郎，历任驻英、法公使，任使俄大臣，签订《中俄伊犁条约》，收回伊犁南境特克斯河流域。谥“惠敏”。有《曾惠敏公遗集》，今辑有《曾纪泽遗集》。曾纪泽作为曾国藩兄弟子侄辈中的长兄，无论是道德文章，还是言行举止，均尽力按照曾氏家训的要求，为弟弟和子侄辈做出了榜样，为传承弘扬曾氏家训主旨起过重要作用。

[2] 勖勉：勉励，激励。

[3] 韬笔：藏笔。指不写文章。

[4] 绳祖武：依祖先的足迹继续走下去。比喻继承祖辈的事业。绳，继承。武，足迹。

译文

自从你们的母亲去世以来，我多次想写信询问你们两兄弟的情况。但每次有这个念头，就感慨万千，不知道从何说起，只好停笔作罢。前不久收到顺甥的来信，我如获至宝，高兴之余又感到有点伤心。还听说多甥的体质越来越健壮结实了，这尤其让我欣慰。你们母亲艰难困苦了半辈子，志愿没有实现就去世了，幸好有你们两个好儿子，证明还是有天理存在的。你们的来信不仅文笔清新流畅，而且陈述事情很有条理。以小见大，日后你们必将成为内有修养外有事功的人才，继承祖业而告慰先灵，应该就是不远的事，我热切地盼望着。世家子弟中聪明过人的，容易染上两个毛病：一是骄傲，二是懒惰。然而只有那些真正聪明的人能够戒除这两个毛病。外甥虽然年幼，见识却已和成人一样了，这两个毛病在你们身上一定是不存在的。阿舅远在几万里之外，没什么赠给你们，只好送“谦”和“勤”两个字给你们加以勉励，希望你们可以养成纯净美好的品质，不受好听之话和空泛夸奖的影响。

宁乡姜氏家训：人贵敦品学，尚躬行

人贵敦品学，尚躬行。品行不端，即才能济世，文采惊人，亦浮薄不足观矣。是故严屋漏[1]，慎衾影[2]，砥名节，砺

[1] 屋漏：古代室内西北隅设小帐，安藏神主，为人所不见的地方称作“屋漏”。后即用以泛指屋之深暗处。

[2] 慎衾影：与被子和自己的身影独自相对时也要谨慎。意指独处时也要注意自己的一举一动。

廉隅[1]，品之所由进于高明也。惊声华[2]，徇贪利，昧大义，败防检[3]，行之所由流于污下也。夫士林有嘉修，不难行成名立；草野有善人，亦可寡过淑身[4]。当共勉为君子之行，不愧为族人之望。

译文

人应以注重品行学问，崇尚亲身实践为贵。倘若品行不端，即使有济世的才能、惊人的文采，也是轻薄不实而不值一提的。因此，要在人所不见的地方严格要求自己，在独处的时候注意自己的举动。砥砺名节，端正行为，品格就是这样趋于高明之境的。贪慕美好的名声，追逐不当的利益，违背大义，疏于防范和检束，行为就是这样趋于卑下鄙陋的。士大夫中修为良好的人，不难获得成就和名声。平民百姓中的良善之人，也可以少犯错误，修美其身。大家应互相勉励像君子那样行事，无愧于族人的希望。

宁乡梅氏家训：合族端品行

合族端品行，正大以存心。谁无仁义性，多为利欲昏。

择术从此坏，万事尽皆倾。每见卑污者，体面究何存。

---

[1] 砥、砺：都是磨刀石。引申为磨炼。廉隅：棱角。比喻端方不苟的品行。

[2] 声华：美好的名声，声誉。

[3] 防检：防范和检束。

[4] 寡过淑身：少犯错误，以善修身。

丈夫严守己，磊落自堪钦。切莫交匪僻，尤宜学正人。
关西辞暮馈，伯玉重冥冥。君子小人异，只在方寸中。
失足千古恨，莫负百年身。族多贤哲子，先代益光荣。

译文

家族的人都要端正品行，心中光明正大。谁没有仁义的本性？许多人却因为利益和欲望而犯糊涂。正确选择的方法从此失灵，无论什么事情均遭破坏。经常看到卑鄙污秽之徒，他们的体面在哪里？大丈夫要严格要求自己，胸怀坦荡，自然获得世人敬佩。千万不要结交那些邪恶的人，尤其应当学习正派的人。东汉的“关西孔子”杨震晚上辞谢别人的馈赠，春秋的卫国大夫蘧（qú）伯玉夜里也遵守坐车的礼节。君子与小人的差别，只在于内心。一失足成千古恨，不要辜负了这一生。如果家族里有很多贤明睿智的子孙，祖宗前辈也会更加荣耀。

韶山毛氏[1]家训：人有三品，持身端正为良

品行端正：从来人有三品[2]，持身端正为良。弄文侮法有

[1] 韶山毛氏家族祖籍江西吉州。始祖太华公于元至正年间由江西吉州龙城为避乱迁往云南澜沧卫。明洪武十三年（1380）以军功拨楚，解组后居湘乡北门外绯紫桥。十余年后，其长子清一、四子清四又卜居湘潭韶山。到毛泽东已是第二十代。

[2] 人有三品：汉儒董仲舒从先验论出发，把人性分为三等，即“圣人之性”“中民之性”“斗筲（shāo，古代盛饭的竹器，容一斗二升）之性”。

何长？但见天良尽丧[1]。居心无少邪曲，行事没些乖张。光明俊伟子孙昌，莫作蛇神伎俩[2]。

译文

品行端正：人性一直以来都分圣人之性、中民之性、斗筲之性三种。自身言行正派的才是善良的人。玩弄文字技巧，歪曲法律条文能走多远呢？只会是恶毒到了极点。心地应当端正，行事应当正常。人只有光明磊落，出类拔萃，才会子孙昌盛，千万不要耍弄卑鄙邪恶的手段。

黔阳胡氏家训：禁非为

禁非为。《周礼·地官》，六乡[3]自比以上，六遂[4]自邻以上，各有长、有胥、有宰、有师、有正，朝夕诰诫，彼此醇良。凡我同宗，幸际升平，宜敦雅化。一切越伦干分之行，作慝犯科[5]之事，凡足以丧名败节、倾家破业者，务期父戒其子，兄勉其弟。庶几人皆义气，户尽仁风。

---

[1] 天良尽丧：完全失去了人性，形容极端残忍、狠毒。

[2] 伎俩：常指卑鄙的手段和花招。

[3] 六乡：周制，京城之外百里以内，分为六乡，每乡设乡大夫管理政务。

[4] 六遂：周制，京城外百里之外两百里之内分为六遂，每遂有遂人掌其政令。

[5] 作慝（tè）犯科：为非作歹，触犯法令。慝，邪恶。

译文

禁止做不顾法纪或礼法的坏事。《周礼·地官》有记载，六乡从比以上，六遂从邻以上，分别有长、有胥、有宰、有师、有正等官员，早晚训导人民，希望人民纯正善良。凡是我们宗族的人，幸运地遇到太平之世，应该敦促族人接受纯正的教化。凡是一切超越伦常和名位的行为和为非作歹、触犯法令的事，或者足以败坏名声节操、倾家荡产的行为，一律都不要做。对此，要让父亲教育他的儿子，哥哥劝勉他的弟弟，如此则可以使族人养成刚正之气，家家都有仁义之风。

（三）治学：首重读书，学贵有法

读书可以提升个人素质、培养思维能力，进而对社会和国家具有积极的影响。无论是个人成长还是社会进步，都离不开读书的重要作用。湖南人杰地灵，文化底蕴深厚，自古就有重视读书、讲求读书方法的良好传统。

湘潭王氏家族的王闿运，幼年资质驽钝，遭到私塾同学的耻笑。但他没有自暴自弃，在老师的鼓励下，努力寻找读书之法，通过自己的刻苦努力，他的学业突飞猛进。他十九岁参加县试，考中第一名。后来到长沙城南书院学习，1857年，二十四岁的王闿运参加长沙乡试，中举人。虽然他以后数次赴京会试不取，但才气横溢，文名远播。在读书方面，王闿运坚持自己的方法，他认为抄书一遍，胜过读万遍，以此作为提高学习效果的途径。勤学苦读的王闿运在经学、文学、史学、教育等方面都有深入的研究，留下了很多著作，成为中国近代史上卓有盛名的国学大师和诗文大家。

曾国藩的父亲曾麟书，天资一般，科举总是名落孙山。但他毫不气馁，刻苦读书之余也严格督促五个儿子博览群书，做读书明理的君子。在父亲的严格要求下，曾氏五兄弟不负众望，曾国藩高中进士，获封一等侯，世袭罔替，四个弟弟也成为国家的栋梁之材。曾国藩对儿子们说：“尔曹惟当一意读书，不可从军，亦不必做官。”自曾国藩兄弟之后至今两百多年间，曾氏子弟都谨遵家训，发扬家风，重视教育，勤学苦读，子孙之杰出者两百四十余人，后辈中很多人都留学欧美，取得博士、硕士学位，成为院士、教授、研究员，在各个领域为社会做出了重要贡献。

一代伟人毛泽东，思想深邃，知识渊博，酷爱读书。青年时期的毛泽东，即使在繁华的马路旁、昏暗的路灯下，也会捧着书本阅读；革命战争年代，即使是在行军间隙，他仍不忘读书；新中国成立后，他将卧床一半的位置都留给了书；晚年时期的毛泽东疾病缠身，即便在病榻上仍坚持读书。他说：“我一生最大的爱好是读书。”又说：“饭可以一日不吃，觉可以一日不睡，书不可以一日不读。”毛泽东读书广博，他一生所读书目涉及政治、经济、军事、文学、历史、艺术、哲学、地理、科学等各个领域，凡是好书，无所不读。毛泽东也非常重视读书方法：不动笔墨不读书。毛泽东在读过的书中写下大量的批注，做到了“眼到、口到、手到、心到”。可见他每次读书并不是照单全收，而是怀着调查研究之心，随时提出自己的看法见解，其中自有诸多创造性的发挥。

“书卷多情似故人，晨昏忧乐每相亲。”春风浩荡，书香飘溢！让我们每个人都能爱上读书，因为读书带给我们的，是知识的积累，思维的拓展，更是才华的积累，天分的释放。

曾国藩：读书宜虚心涵泳，切己体察

——《谕纪泽》

字谕纪泽：

八月一日，刘曾撰来营，接尔第二号信并薛晓帆信，得悉家中四宅平安，至以为慰。

汝读《四书》无甚心得，由不能“虚心涵泳[1]，切己体察”。朱子教人读书之法，此二语最为精当。尔现读《离娄》，即如《离娄》首章“上无道揆，下无法守”，吾往年读之，亦无甚警惕。近岁在外办事，乃知上之人必揆诸道，下之人必守乎法。若人人以道揆自许，从心而不从法，则下凌上矣。“爱人不亲”章，往年读之，不甚亲切。近岁阅历日久，乃知治人不治者，智不足也。此“切己体察”之一端也。“涵泳”二字，最不易识，余尝以意测之。曰：涵者，如春雨之润花，如清渠之溉稻。雨之润花，过小则难透，过大则离披[2]，适中则涵濡而滋液；清渠之溉稻，过小则枯槁，过多则伤涝，适中则涵养而浡兴[3]。泳者，如鱼之游水，如人之濯足。程子[4]谓鱼跃于渊，活泼泼地；庄子[5]言濠梁观鱼，安知非乐？此鱼水之快也。左

[1] 涵泳：深入领会。

[2] 离披：分散，散乱。

[3] 浡（bó）兴：蓬勃兴起。

[4] 程子：即程颐（1033—1107），字正叔，世称“伊川先生”，北宋理学家和教育家。

[5] 庄子：即庄周（约前369—前286），战国时哲学家、文学家，与老子并称“老庄”。

太冲[1]有“濯足万里流”之句，苏子瞻[2]有夜卧濯足诗，有浴罢诗，亦人性乐水者之一快也。善读书者，须视书如水，而视此心如花如稻如鱼如濯足，则“涵泳”二字，庶可得之于意言之表。尔读书易于解说文义，却不甚能深入，可就朱子“涵泳”“体察”二语悉心求之。

邹叔明新刊地图甚好。余寄书左季翁，托购致十副。尔收得后，可好藏之。薛晓帆银百两宜璧还[3]。余有复信，可并交季翁也。此嘱。

父涤生字

译文

文字告知纪泽：

八月一日，刘曾撰来到大营，收到你的第二号信件和薛晓帆的来信，知道家里老少平安，非常欣慰。

你读《四书》没有什么心得体会，原因是不能够“虚心深入领会，密切结合自己的实践体验考究”。朱熹教人读书的方法，这两句话最精确得当。你现在读《离娄》，如《离娄》第一章所说，“上司不能够以义理度量事物，下属就不能够按法度履行自己的职责”，我往年读它，也没有什么触动。近年在外办事，才知上司必须以义理度量事物，下属必须按法度履行自己

[1] 左太冲：即左思（约 250—约 305），字太冲，西晋文学家。

[2] 苏子瞻：即苏轼（1037—1101），字子瞻，号东坡居士，北宋著名文学家、书画家。

[3] 璧还：敬语，原璧退还。表示退还赠礼或归还借物。

的职责。如果人人都说自己是以义理度量事物，随心所欲而不按法度办事，就会以下凌上。“爱人不亲”章，往年读时体会也不亲切。近年经历多了，才知道管理不好属下和民众，是智慧不足的缘故。这是密切结合自己实践体验考察的一方面。“涵泳”二字，最不容易领悟，我试着按我的领会来猜测。涵者，如同春雨滋润花木，如同清渠灌溉稻禾。雨水滋润花木，过小则难以湿透土层，过大则花木七零八落，不大不小才会浸透滋润。清渠灌溉稻禾，渠水过少禾苗就会枯槁，过多就会成涝伤害禾苗，恰到好处才滋润养育禾苗，禾苗就会蓬勃生长。泳者，如鱼游泳，如人洗脚。程颢说“鱼在深池中跳跃，活泼泼的”。庄子说“濠上观鱼，怎么知道它不快乐”，这是鱼儿得水的快乐。左太冲有“濯足万里流”的诗句，苏东坡有夜卧濯足诗，有浴罢诗，也是人性喜欢水的一种快乐心情的流露。善于读书的人，必须把书看作水，而把自己的心看作花、稻禾、鱼、濯足一样，那么对“涵泳”二字，可望得到一些粗浅的理解。你读书在解释文义上比较容易，但却不怎么能够深入理解精神，可拿朱熹“涵泳”“体察”两句话细心探求。

邹叔明新近出版的地图很好，我写信给左季翁托他购买十幅，你收到地图以后，要好好保存。借薛晓帆的百两银子，应当如数归还。我有回信，可以一同交给左季翁。这就是我的嘱托。

父亲涤生字

左宗棠：读书要目到、口到、心到

——《与孝威孝宽》

读书要目到、口到、心到。尔读书不看清字画偏旁，不辨明句读[1]，不记清首尾，是目不到也。喉、舌、唇、牙、齿五音并不清晰伶俐，蒙笼含糊，听不明白，或多几字，或少几字，只图混过就是，是口不到也。经传[2]精义奥旨[3]，初学固不能通，至于大略粗解，原易明白，稍肯用心体会，一字求一字下落，一句求一句道理，一事求一事原委，虚字审其神气，实字测其义理，自然渐有所悟。一时思索不得，即请先生解说；一时尚未融释，即将上下文或别章别部义理相近者反复推寻，务期了然于心，了然于口，始可放手。总要将此心运在字里行间，时复思绎，乃为心到。今尔等读书总是混过日子，身在案前，耳目不知用到何处，心中胡思乱想，全无收敛归着之时。悠悠忽忽，日复一日，好似读书是答应人家工夫，是欺哄人家、掩饰人家耳目的勾当。昨日所不知不能者，今日仍是不知不能；去年所不知不能者，今年仍是不知不能。孝威今年十五，孝宽今年十四，转眼就长大成人矣。从前所知所能者，究竟能比乡

[1] 句读：古代称文辞语意已尽处为“句”，语意未尽而须停顿处为“读”，书面上用圈“。”（句号）和点“、”（读号）来标记。

[2] 经传：旧称儒家祖述的古代典籍和儒家的重要代表作品为“经”，解释经文的书为“传”，合称“经传”。

[3] 精义奥旨：精辟的义理，深奥的含义。

村子弟之佳者否？试自忖之。

…… ……

陶桓公[1]有云："大禹惜寸阴，吾辈当惜分阴。"古人用心之勤如此。韩文公[2]云："业精于勤而荒于嬉。"凡事皆然，不仅读书，而读书更要勤苦，何也？百工技艺及医学、农学，均是一件事，道理尚易通晓。至吾儒读书，天地民物，莫非己任。宇宙古今事理，均须融澈于心，然后施为有本。人生读书之日最是难得，尔等有成与否，就在此数年上见分晓。若仍如从前悠忽过日，再数年依然故我，还能冒读书名色、充读书人否？思之，思之！

译文

读书要眼到、口到、心到。你们读书不看清字画偏旁，不辨明标点符号，不记清楚开头结尾，是眼睛不到位。喉、舌、唇、牙、齿五音不清晰干脆，含含糊糊，听不明白，有时多几个字，有时少几个字，只求混过，这是口不到位。经传义理精辟，含义深奥，刚开始学习时固然不能精通，但是大概的意思原本容易明白，只要稍微用心体会，一个字寻求一个字的下落，一句话寻求一句话的道理，一件事寻求一件事的始末，虚字揣度它的神气，实字推测它的义理，自然逐渐就会有所领悟。一时之间想不出结果，就请老师解释；一时之间找不到解释，就

[1] 陶桓公：即陶侃（259—334），字士行，东晋名臣，谥号"桓"。

[2] 韩文公：即韩愈（768—824），字退之，唐代杰出的文学家、哲学家，谥号"文"。

将上下文或者别的章节、别的部分中义理相近的内容反复推敲研究，务必使心里非常清楚，口中能说明白，才可以放手。总是要将心思运用在字里行间，时不时地反复思索寻求，才是心到。现在你们读书总是混日子，身体在书桌前，耳朵和眼睛不知道用在哪里，心里胡思乱想，完全没有聚精会神的时候。悠闲懒散，一天又一天，好像读书是为别人用功，是为了欺哄别人、蒙住别人耳朵和眼睛的事情。昨天不知道的、不会做的，今天仍然不知道、不会做；去年不知道的、不会做的，今年仍然不知道、不会做。孝威今年已经十五岁，孝宽今年十四岁，转眼就长大成人了。以前知道的、会做的，和优秀的乡村子弟能相比吗？你们自己想想。

…… ……

陶侃说过："大禹爱惜每一寸光阴，我们更应当爱惜每一分光阴。"古人就这样用心勤勉。韩愈说："学业由于勤奋而专精，由于玩乐而荒废。"所有的事情都是这样，不仅仅是读书，但读书更要勤奋刻苦。为什么？各种工匠技艺和医学、农学，只研究一件事，道理还算容易明白。而我们读书，天地间的万民万物，都是自己的责任，宇宙中古往今来的事情道理，都要融会了然于心，然后做事情才有根据。人生中读书的日子是最难得的，你们有没有成就，就在这几年见到结果。如果还像从前一样悠闲懒散地过日子，再过几年依然像现在一样不思进取，还能顶着读书人的名义冒充读书人吗？好好想想吧。

胡林翼：多读乃是根本之图

——《致叔华侄》

侄读书以不得其法，来问于余。读书如攻贼，非可侥幸得果者也。多读乃是根本之图。六经无论矣，余如《老》《庄》，如《史记》，如前后《汉书》，如《通鉴》，如韩、柳、欧、苏等集，均为不可不读之书。多读则气盛言宜[1]，下笔作文，便仿佛有神助。否则干枯拙塞，勉强成篇，亦索索无生气，不足登于大雅堂也。

每作一文，首须打定一主意，然后正反旁侧，随笔而书，使有众星以拱北辰[2]之概。次须联想，联想者，因此而写及彼事也。其中关键，至为重要。譬如因笔而思及造笔者为何人，笔之进步如何，又思及笔与纸墨有何关系，与人之文思又有何关系，照此联想，则文必畅达，而无格格不吐之弊。总之，有主意则文不散漫，能联想则文不拙滞，而又多读以运用其思想，则于为文之道，亦庶几近矣！

抑有欲为吾侄告者，读书须勤，然亦须有分寸。吾侄身体本不甚健硕，若再焚膏继晷[3]，孜孜矻矻[4]，则损害其身，殊

[1] 气盛言宜：气势宏大，语言适宜。

[2] 众星以拱北辰：天上众星拱卫北极星。

[3] 焚膏继晷（guǐ）：点燃灯烛来接替日光照明。形容夜以继日地用功读书或努力工作。膏，油脂，指灯烛。晷，日影。

[4] 孜孜矻（kū）矻：勤勉不懈怠。

非浅鲜[1]。身体一弱，则虽有志进取，而亦苦于精力不继，读亦不能记忆，有何益哉！

余年未老，而已觉衰弱，曩时读书不慎亦为一因，故甚望吾侄之勿再蹈余覆辙焉。

译文

侄儿以读书得不到好的方法，来向我求教。读书就像攻打敌人，是不可以意外获得成功的。多读书才是根本的计划。六经就不用说了，其他的如《老子》《庄子》，如《史记》，如前后《汉书》，如《资治通鉴》，如韩愈、柳宗元、欧阳修、苏轼等集，都是不可不读的书。多读书就会气势宏大而语言适宜；下笔写文章，也会像有神仙帮助似的。不读书，写出的文章就会缺少思路，粗劣艰涩，勉强写成，也毫无活力，登不了大雅之堂。

每次写文章的时候，首先应该确定一个中心思想，然后从正反旁侧各方面，随心而写，使文章有群星拱卫北极星的景象。其次要联想，联想是由一件事而写到另一件事。其中最紧要的地方，非常重要。譬如因为笔而想到造笔的人是谁，笔的发展情况怎样，又想到笔和纸墨有什么关系，和人的文思有什么关系。照这样联想，那么文章一定流畅、通顺，而没有咬紧牙关不说出来的弊端。总之，有中心思想，文章就不会松散；能联想，文章就不会生硬无味。多读书又能运用其思想，就与写文

[1] 浅鲜：轻微。

章的正确方法很接近了。

还有想要告诉侄儿的就是，读书要勤奋，但勤奋也要把握好限度。侄儿身体本来就不是很健壮结实，如果再夜以继日地勤奋读书，勤勉不懈，那么就会严重损害身体。身体一差，那么即使有进取的想法，也会苦于精力不济而导致读书不能（很好）记忆，有什么好处呢！

论年纪我还没有老，却已经觉得衰弱，过去读书的时候不注意（身体），也是一个原因，因此很希望我的侄儿不要再重蹈我的覆辙。

彭玉麟[1]：读书当有恒心

——《谕子》

读书当有恒心，切勿得新厌故。可将每月功课写明告我，作诗几首，作文几首，点经几卷，点史几卷，须要详细勿漏，则我心欢喜也。写字每晨至少须临帖百字。自五月初一起，天气渐热，早起为佳，早起一小时，便多学一分。晨气清，神志亦清，此时作事，处处易得天籁[2]。吾家本诗礼门阀，岂容有不肖之子。勤与朴，为余处世立身之道，有恒又为勤朴之根

[1] 彭玉麟（1816—1890）：清末湘军将领。字雪琴，湖南衡阳人。从曾国藩创办湘军水师，累官水师提督、兵部右侍郎，署两江总督，1883年（光绪九年）擢兵部尚书，以衰病辞，受命赴广东办防务，后以病开缺回籍。卒赠太子太保，谥“刚直”。

[2] 天籁：自然界的音响。与“人籁”相对。后亦称诗歌不事雕琢，得自然之趣者。

源。余虽在军中，尚日日写字十页，看书二十页，看后用朱笔圈批，日必了此功课为佳。偶遇事冗，虽明日补书补看亦不欢，故必忙里偷闲而为之。然此策尚下，故必早起数时以为之，决不肯今日耽搁，谓有明日可补；亦不肯以明日有事，今日预为。如是者数年，未尝间断，亦无所苦。要汝将余方法试习之，牢记“有恒”两字，则陶侃运甓[1]何为可以悟。望汝刻刻留心。

译文

读书应当有恒心，千万不要得到新的便厌弃旧的。可以将每月的功课，写明白告诉我。作了几首诗，写了几篇文章，点读了几卷经书，点读了几卷史书，必须详细不要遗漏，那我就心生欢喜了。练习书法，每天早晨至少需要临帖一百个字。从五月初一起，天气渐渐炎热，要早早起床为佳。早起一小时，便多学习一分。早晨空气清新，人的神志也清醒，这时做事，在各方面都容易悟得诗文浑然天成的自然之趣。我们家本是诗礼之家，岂能容忍有不肖之子？勤奋和朴实，是我处世立身的方法，有恒心又是勤奋朴实的根源。我虽然在军营中，尚且每天写字十页，看书二十页，看完之后用红笔圈点批阅，每天必须完成这个功课才满意。偶然遇到事情繁杂，即使第二天补写、补看了，但我内心是很不欢喜的，所以就设法忙里偷闲读书写

[1] 陶侃运甓（pì）：典出《晋书·陶侃传》。陶侃任广州刺史时政务清闲，怕自己久而久之太过安逸，难担重任，于是早晨将砖搬到屋外，到晚上再搬回屋内。甓，砖。

字。然而这依然是一个下等的方法，因此必定早起床几个小时来做，绝对不肯今天耽搁了，说明天可以再补上；也不肯因为明天有事，今天提前做。我像这样坚持多年，从不间断，也没有感到辛苦。我要你将我的方法试着练习，牢记"有恒"两个字，则可以领悟陶侃每日反复运砖的意图是什么。希望你时刻谨记。

杨守仁[1]：凡人最不可有胡思乱想

——《再谕克念》

再谕克念知悉：

汝每日读书习算，做一切事，以及游戏休息，皆必须有一定钟点。欲立志学做圣贤豪杰，须自格守钟点做起。有一定钟点，便是有恒。孔子言："人而无恒，不可以作巫医。"可知守钟点是一桩绝大的事。早晨须按一定钟点起床，晚间须按一定钟点上床，日中须按一定钟点读书习算。切嘱切嘱。

凡人最不可有胡思乱想。胡思乱想，不必是有绝大恶念头在心中，只是闲思杂虑，忽起忽落，便是坏极。汝须于自己心中考察自己，除读书时用心在书上，演算时用心在算上，习体操时用心在体操上以外，如有闲思杂虑，忽然起落，便是胡思

[1] 杨守仁（1872—1911）：原名毓麟，字笃生，湖南长沙人，中国民主革命者。曾任湖南时务学堂教习。所著《新湖南》是辛亥革命准备时期最具鼓动力的著作之一。1908 年留学英国，后闻广州黄花岗起义失败，于 1911 年赴利物浦投海自杀，以身殉国。

乱想，亟宜把持自己，仍向正当路上专心思索去。

晚间上床尤不可胡思乱想，须一意念我现在是休养精神的时候，待明日早起用功。如按下不住，须用心想着一段书籍，或用心思索一个算学题目，自然会将胡思乱想逐去。

汝每日必习体操。习体操是保养身体第一方法，万万不可懒惰。如勤习一月，食量必大进。

译文

再次告诉克念知晓：

你每天读书学习算数，做的一切事情，以及玩耍休息，都必须有一定的时间。想要立志学习做圣贤豪杰，必须从严格遵守时间做起。有一定的时间，就是有恒心。孔子说："人如果没有恒心，就不能当巫师和医生。"由此可知遵守时间是一件很大的事情。早晨须按照一定的时间起床，晚上须按照一定的时间上床休息，白天须按照一定的时间读书学习算数。这是我的重要嘱咐！

人最不应该去胡思乱想。胡思乱想，不一定是有多么大的坏想法在心中，只要心中有闲思杂念起起落落，就是很不好的事。你必须在自己心中考查观察自己，除读书时集中注意力在书上，演算时集中注意力在计算上，学习体操时集中注意力在体操上，除此之外如果有闲思杂念起起落落，那就是胡思乱想，应该赶快控制自己，坚定地向着正路用心去思索。

晚上在床上尤其不要胡思乱想，必须只有一个想法：我现在是休息调养的时候，养足精神以待明天早上起床努力学习。

如果闲思杂念无法消除，可以用心想着书籍上的一段话，或者用心思索一个算数题目，就会把胡思乱想消除掉。

你每天都要学习体操。学习体操是保养身体首屈一指的方法，千万不要懒惰。如果勤奋练习体操一个月，饭量一定会大增的。

醴陵贺氏家训：凡人读书，只要有恒

凡人读书，只要有恒。若今日如是，明日不如是，工夫间断，欲望有成，难矣。南人有言曰："人而无恒，不可以作巫医[1]。"非明征欤？然人每日间未必无一二俗事，但事至治事，事去即读书，心不以事而牵，书不以事而废。心不外驰，读一遍可当百遍。心向外驰，则虽口诵百遍，究书自书，而我自我，书与心奚自而一也。孟子曰："学问之道无他，求其放心而已矣。"诚哉是言也。又或以为无净洁书窜，遂生厌倦，此皆安享富贵者之所为也。果欲发愤上达，不居下流，则随地可读。虽茅舍陋栖，无不有自得之处。倘必曰明窗净几，僻境幽栖，然后可专意诵习，则贫士何能有出人头地之一日哉？所以囊萤挂角[2]，凿壁偷光，足为千古美谈也。有志之士勿让古人，日

[1] 巫医：即巫师和医师。古人多求助于鬼神以治病，故巫、医往往并提。

[2] 囊萤挂角：相传晋代车胤（yìn）晚上用袋子装着萤火虫，借萤火虫发出的光来读书。隋末李密年轻时曾骑牛外出，挂《汉书》于牛角，一手抓着缰绳，一手翻书阅读。"囊萤""挂角"都用来形容勤奋苦读。

积月累，工夫有恒，将见功深者效自著，读书何患不成？是为训。

译文

但凡读书，需具有恒心。如果今天读书，明天不读，功夫中断，想要读书有成是很难的。南方人有这样一句话："人如果没有恒心，就不能当巫师和医生。"这不是明证吗？然而人每天未必没有一两件世俗的事务，但是事情来了就处理事情，事情处理完毕就读书，内心不因为俗事而牵挂，读书不因为杂事而荒废。内心不被外面的事物所吸引，读一遍书可以抵得上读百遍。内心被外面的事物吸引，那么即使是口中诵读百遍，最后书还是书，我还是我，书与心怎么能合二为一呢？孟子说："学问之道没有别的，不过就是把那失去了的本心找回来罢了。"这话说得实在。又有人认为没有干净的书房，就心生厌倦，这些都是安享富贵的人所做的事情。如果真想发奋积极进取，不处于卑下的地位，那么任何地方都可以读书。即使茅屋僻陋狭小，也有适合读书的地方。倘若一定要窗户明亮、桌几干净，地方偏僻、环境幽静，才能专心读书，那么贫寒之士怎么会有出人头地的那一天呢？！所以囊萤挂角、凿壁偷光，足以成为千古佳话。有理想有抱负的人不要自以为不如古人，只要日积月累，肯下功夫又有恒心用功学习，就不用担心读书没有成就。就把这作为我们的家训。

宁乡丁氏家训：读书必期明理

读书必期明理，明理之极，即圣贤尽性致命之功也。然其初端，自经书中得来，故读书之时，丝毫不可放过。一字须求一字之解，不独实字有训诂[1]，而虚字亦有意义。一句须求一句之解，不独琢炼[2]之句有力量，即空衍[3]之句亦有精神。一日须求一日之功，不独从师之日有体会，即游玩之日亦有领取。如此用心，一刻不违，终身不倦，何患理之不明？理明而谓有身之不修，名之不立，吾不信矣。

读书固不可驰骛[4]，而“功名”二字亦不能自外。试观古之圣贤，修身为己，未有不建功立名，以显当时而传后世者。此巢由[5]、务光[6]，难免盗虚声之诮也。然须知功名乃实行之表著，有诸内者形诸外，自然之理也。若不精吾学问，徒功名之是图，或为奔竞，或为夤缘[7]，即侥幸得之，已不足贵。况朝廷法律森严，一有败露，刑罪立加，是欲求荣而反受辱，耻

[1] 训诂（gǔ）：解释古书的语义，偏重于解释词语的意义。用通俗的话来解释词义称“训”，用当代的话来解释古代词语，或用普遍通行的话来解释方言称“诂”。

[2] 琢炼：精心修饰。

[3] 空衍：空洞浮泛。

[4] 驰骛：奔走趋赴。

[5] 巢由：巢父和许由的并称。相传为尧时隐士，尧让位于二人，皆不受。

[6] 务光：古代隐士。相传汤让位给他，他不肯接受，负石沉水而死。

[7] 夤（yín）缘：本指攀附上升，后喻攀附权贵，向上巴结。

孰甚焉！何如尽其在我，得之不得，推之命哉？亦或有怠忽苟安，全无进取之志，反借口为安分，为隐逸，则又万万不可也。

译文

人们读书必定期望能够通情达理，通情达理的极点，即是圣贤穷尽万物的特性，把握其内在规律的能力。但是它的初始阶段，却是从经典著作中得来的。因此，读书的时候，一点也不能放过。每一个字都要寻求它的解释，不但实字有解释，虚字也是有一定意义的。要弄懂每一句话的意思，不但要对精心修饰的句子进行分析解释以获得真理力量，即使是空洞浮泛的句子也要领会其所蕴含的精神意义。读一天书要有一天的成效，不仅跟随老师学习的时候有领会，就是游玩的时候也要有所感受。像这样勤奋，一刻也不停息，一辈子不厌倦，哪里会担心义理不明呢？明白了义理还说不能陶冶身心、树立名声，我不相信。

读书人当然不能搞趋炎附势的事，但也不必放弃“功名”二字。观察古代的圣贤，为自己陶冶身心，涵养德性，没有不建立功业、树立名声，在当时显耀并流传后世的。这就是巢父、许由、务光为何难免有盗取虚名的嘲讽。然而需要知道的是，功名是实际能力和业绩的显扬，是内部修养必然在外部的表现，这是自然而然的道理。如果学问不精，学习只是为了功名，或者奔走争竞，或者攀附权贵，即使是侥幸得到了，也是不足为贵的。况且朝廷法律森严，一旦事情败露，立刻就会有触犯刑法之罪，本来是想求得荣华反而受辱，这样的耻辱更大！还不如竭尽自己的力量学习，至于得与不得，交给命运。也有人怠惰疏忽，苟且偷安，一点进取的意愿都没有，反而借口是安于本分，隐居避世，这也是万万不可取的。

黔阳胡氏家训：课诵读

人之初生，其性皆善。乞拘物弊，便为习俗所污。非乞灵于经籍，奚以明善而复其初？此古人所以童蒙养正。孝弟谨信、亲爱之余，即继以学文也。石碏[1]曰：“爱子，教之以义方。”桂孟曰：“忠孝，吾家之宝；诗书，吾家之田。”今与同族约，子弟中赋性聪颖者，务期博通经史，为世名儒。即或秉姿愚鲁，亦须讲解《论语》《孝经》[2]《小学》，使知为人之道。愿为父兄者，课之有法耳。

译文

人刚出生的时候，天性都是善良的。人在追求外界事物的过程中，一旦为外物所蒙蔽，就会被习惯风俗所玷污，如果不向经书寻求帮助，怎么能够明白性善之理且恢复原来的善性呢？这就是古人从童年开始，就注重对儿孙施以正确教育的原

[1] 石碏（què）：春秋时卫国大夫。

[2]《孝经》：儒家经典。十八章。作者各说不一，以孔门后学所作一说较为合理。论述封建孝道，宣传宗法思想，汉代列为七经之一。今《十三经注疏》本系唐玄宗注、宋邢昺（bǐng）疏。清皮锡瑞另有《孝经郑（玄）注疏》二卷。

因。孝敬父母、友爱兄弟姐妹、谨言慎行、信守承诺，亲近有仁德的人，做到这些后还有余力的，便去学习文化知识。石碏说："爱孩子就应该教导他遵守道德规范，让他走正道。"桂孟说："忠君孝亲，是我家的传家之宝；诗文书籍，是我家安身立命的根本所在。"现在和同族之人约定，家族子弟中天赋聪明的人，一定要让他们广泛地研学通晓经学和史学，成为世上有名的儒者。即使有的人天性愚蠢粗鲁，也要为他们讲授《论语》《孝经》《小学》，让他们知道做人的道理。希望作为父亲和兄长的人，能够教导子弟且注重方法。

二、“诸业均可”的多元治生观

（一）课读勿荒

家训文化作为中国文化的一个有机组成部分和独特表现形式，集中体现了中国家庭文化的特色，具有丰富的传统文化内涵，是前人留下的宝贵遗产。“一日不书，百事荒芜。”自古以来，这则古训被不少家族奉为家规家训，用以劝勉后世子孙读书上进，寄寓着对后代的殷切期望。

曾国藩是晚清重要的历史人物，人称“中兴第一名臣”。他一生坚持读书，乐此不疲。湘乡曾氏家族因此保持着良好的读书传家的家风。道光二十四年（1844），曾国藩在写给父母的信中强调：“我家诸弟，此时无论考试之利不利，无论文章之工不工，总以看书为急。”曾国藩还在家书中以自己为例，纵使万事繁忙，日日皆有看书，以此规劝各位弟弟多读书，或经或史，或诗集文集，每天总应当看个二十页。

左宗棠在道光十二年（1832）中举人，虽然后来屡试不第，但其博览群籍，不曾一日放弃读书。同治五年（1866），他的四个儿子陪母亲去福建省亲，当时左宗棠奉命移节西征，督促儿子们侍母归乡。儿子们求训甚切，左宗棠写了一副对联勉励他们："要大门间，积德累善；是好子弟，耕田读书。"并嘱咐儿子们要慎交游，勤耕读，笃根本，去浮华。左宗棠虽然身居要职，但他不想让子孙变成纨绔子弟，而是要他们不忘家族寒素本色，始终谆谆教导子女从寒苦艰难中做起，保持平民耕读之风。同治六年（1867），他写信叮嘱周夫人，家事应以谨厚朴俭为主。他担心孩子们在城市闲居太久沾染上不良习气，让他们仍然回柳庄去耕田读书。他还写信告诫长子孝威，读书最重要的是能明白事理，学做圣贤，并不只是为了考取科举功名，希望孝威能继承耕读家风，做一个好人，给后人作榜样。

胡林翼也十分重视家族子弟向学之事，在写给夫人陶静娟的家书中强调，"我一家之事，在乎培植子弟、选择先生为上"。彭玉麟在《谕玉孙》中期待孙儿"读破万卷书为通儒"。湘潭曹氏家族、醴陵黄氏家族、资兴程氏家族、湘乡易氏家族分别有"学不可废，读书为第一""天下诸事至美者莫如读书""凡有子孙者，必宜择师教训""无论智愚贫富，悉宜力学"的家训督促子孙勤奋学习。

读书明理，读书的多少、好坏，与一个人的基本素质，一个家族的成败兴衰，一个地方乃至一个国家的文明程度，有着十分重大的关系。

王文清[1]：勿惮掘其泉，九轫犹弃井

——《枢儿入泮（pàn）即事》

纷纷豪富儿，觍（tiǎn）颜取青紫[2]。尺寸幸微名，徒为市童鄙。

枢儿年弱冠，十载攻书史。成诵为何书，六艺[3]及四子[4]。

帖括[5]未熟娴，岂敢思执雉[6]？忝（tiǎn）兹弟子员，清夜能无耻？

学者尚器识[7]，文艺其次已。勿惮掘其泉，九轫犹弃井。

译文

那些有钱有势人家的孩子，厚颜无耻地取得高官厚禄。得到微不足道的名誉就认为非常幸运，只会被街上的孩童所鄙视。枢儿年才弱冠，攻读经史已经有十年了。熟读背诵的是些什么

[1] 王文清（1696—1787）：字廷鉴，号九溪，湖南宁乡人。雍正二年（1724）进士及第。官岳州府教授。受聘为岳麓书院山长，是书院历史上最有名望的山长之一，与王夫之、王闿运、王先谦并称清代湖南“四王”。著有《考古源流》《锄经馀草》《周礼会要》等。

[2] 青紫：古代高官印绶、服饰的颜色。比喻高官显爵。

[3] 六艺：古代称《诗》《书》《礼》《乐》《易》《春秋》六种经书。也泛指各种经书。

[4] 四子：指《论语》《孟子》《大学》《中庸》四书。

[5] 帖括：科举考试的文体。

[6] 执雉：指拜访、相见时所持赠的礼品。

[7] 器识：器量与见识。

书呢？都是《诗》《书》《礼》《易》《春秋》等经书及《论语》《孟子》《大学》《中庸》四书。科举应试文章还没有娴熟，怎么能到处拜访朋友呢？愧为县学生员，这样做，在清静的夜晚心中能不感到羞耻吗？求学的人崇尚器量与见识，写作倒在其次。求学的路上不要害怕求根溯源，做事情只差最后一点，也会功败垂成。

王璊[1]：世业[2]递流传，析薪[3]要荷负

——《勖迪儿》

汝非我所生，我实汝之母。汝父走四方，属予相导诱。
汝当童稚年，姿秉亦非丑。学海浚源泉，心田去稂莠[4]。
家塾有经师，诗书相授受。精心索其义，疑难必分剖。
光阴去如电，方辰忽已酉。日求一日功，功积自然厚。
日与群儿嬉，嬉罢亦何有？男儿志远大，立身贵勿苟。
世业递流传，析薪要荷负。汝父他日归，毋使母引咎[5]。

[1] 王璊（mén）：湖南湘潭人，秀才王之骏的女儿，庶吉士改吏部考功司主事攸县夏恒的继室。著有《印月楼诗剩》。

[2] 世业：世代相传的事业。

[3] 析薪：谓继承父业。

[4] 稂（láng）莠（yǒu）：形状像禾苗而妨碍禾苗生长的杂草。亦比喻坏人。

[5] 引咎：把过失归在自己身上。

译文

你虽然不是我亲生的，我实际上就是你的母亲。你的父亲为了生活在外奔走四方，嘱托我引导教育你。你正当童年，资质禀赋也不差。做学问应该疏通根源，内心要去除妨碍成长的杂质。家中私塾有老师传授儒家经典。你要精心探求其中的含义，疑难之处一定要仔细分析并加以清除。时间过得极快，刚刚还是辰时，不一会儿就到了酉时，你应当要一天有一天的收获，日积月累自然收获良多。每天和伙伴们嬉戏，玩闹之后又能收获什么呢？男儿应该志向远大，立身贵在不要随便。世代相传的事业要一代代流传下去，继承父业你要敢于担当。等到你父亲回来的那一天，不要让我自责。

曾国藩：我家诸弟，总以看书为急

——《禀父母》

诸弟考试后，尽肄业小罗巷庵，不知勤惰若何？此时惟季弟较小，三弟俱年过二十，总以看书为主。我境惟彭薄墅先生看书略多，自后无一人讲究者，大抵为考试文章所误。殊不知看书与考试全不相碍，彼不看书者，亦仍不利考如故也。我家诸弟，此时无论考试之利不利，无论文章之工不工，总以看书为急。不然则年岁日长，科名无成，学问亦无一字可靠，将来求为塾师而不可得。或经或史，或诗集文集，每日总宜看二十页。男今年以来，无日不看书，虽万事丛忙，亦不废正业。

闻九弟意欲与刘霞仙同伴读书。霞仙近来见道甚有所得，九弟若去，应有进益。望大人斟酌行之，男不敢自主。此事在九弟自为定计，若愧奋直前，有破釜沉舟之志，则远游不负；若徒悠忽因循[1]，则近处尽可度日，何必远行百里外哉？求大人察九弟之志而定计焉。余容续呈。

译文

各位弟弟考试以后，都在小罗巷庵学习，不知勤奋怠惰的情况如何？现在只有季弟年龄还较小，其他三位弟弟都已经过了二十岁，应该都以读书为主。我们老家只有彭薄墅先生看书略多，在他之后没有一个研究学问的人，大概都是被科举考试的文章耽误了。殊不知看书与考试完全不冲突，不看书的人，也不会考试。我家各位弟弟，现在不管考试顺利与否，不管文章精彩与否，都要把看书作为当务之急。不然，年纪一天天大了，科举没有成绩，学问也没有一点，将来就是想做私塾先生也做不了。或经或史，或诗集文集，每天总应当看个二十页。儿子今年以来，每天都在看书，虽说万事繁忙，也没有荒废正业。

听说九弟想与刘霞仙结伴读书。霞仙近来参悟学问很有心得，九弟如果去，应该有进步。希望父母大人考虑，儿子不敢做主。这件事九弟自己也应有一个打算。如果发奋向前，有破釜沉舟的志气，那么就不会辜负远游；如果懒散拖拉，那在近处也可以过日子，何必远行到百里之外去呢？请求父母大人观察九弟的志向后再做定夺。其余的事以后再禀告。

[1] 悠忽因循：悠闲懒散，迟延拖拉。

左宗棠：愿子孙学吾耕读为业，务本为怀

——《与孝宽》

诸孙读书，只要有恒无间，不必加以迫促。读书只要明理，不必望以科名[1]。子孙贤达，不在科名有无迟早，况科名有无迟早亦有分定，不在文字也。不过望子孙读书，不得（不）讲科名。是佳子弟，能得科名，固门闾[2]之庆；子弟不佳，纵得科名，亦增耻辱耳。

吾平生志在务本，耕读而外别无所尚。三试礼部，既无意仕进。时值危乱，乃以戎幕起家。厥后以不求闻达之人，上动天鉴，建节锡封[3]，忝窃非分。嗣复以乙科[4]入阁[5]，在家世为未有之殊荣，在国家为特见之旷典，此岂天下拟议所能到？此生梦想所能期？子孙能学吾之耕读为业，务本为怀，吾心慰矣。若必谓功名事业、高官显爵无忝乃祖，此岂可期必之事，亦岂数见之事哉？或且以科名为门户计，为利禄计，则并耕读务本之素志而忘之，是谓不肖矣！

---

[1] 科名：科举考中而取得的功名。

[2] 门闾：家门，家庭，门庭。

[3] 建节锡封：执持符节，赐封。

[4] 乙科：明清称举人为"乙科"，进士为"甲科"。

[5] 入阁：官制用语。明代称以殿、阁大学士身份进入内阁办事者为"入阁"。清代相沿，以大臣授殿阁大学士或协办大学士为"入阁"。

译文

孙子们读书，只要有恒心、不间断，就不必天天去督促。读书只要明白道理，不必希望取得科举功名。子孙的贤达，不在科举功名的有无和迟早，何况科举功名的有无与迟早，早已命中注定，而不全在习文写字。希望子孙读书，不得追求科举功名。好子弟能够取得科举功名，固然是门庭的荣耀；若子弟品行不好，纵得科举功名，也只是徒增耻辱而已。

我平生除耕田读书外，不再追求其他。三次会试之后，已经无意仕途。赶上时局危乱，我才以军事幕僚起家。后来作为一个不追求官爵、名声的人，却受到皇上重视而被加官晋爵，这不是我应有的。后又以举人身份进入内阁，这在我家历史上是从未有过的殊荣，在国家也是少见的情况，这岂是天下人事前所能预料到的？又岂是我梦想所能达到的？子孙们能够学我以耕读为业，以追求根本为念，我就十分欣慰了。如果硬要追求功名事业、高官显爵以求无愧于你们的祖先，这岂是能够期望一定成功的事？又岂是经常能碰上的事？或者为了门户，为了功名利禄去追求科举功名，把祖上耕读务本的一贯志向都忘记了，那就成为不肖子孙了。

胡林翼：一家之事，在乎培植子弟、选择先生

——《致夫人陶静娟》

十三日下午及十四日，无一客无一事，心念赐福[1]，枕边时尝落泪。十五日冒雨行至白马寺，而湖北人来信来，又忘却一切矣。大约一乡之事，以一口人心厚风俗为主，此则在乎七叔之主持本领；我一家之事，在乎培植子弟、选择先生为上。林翼在一日，即供奉一日，百年不懈也。

我一身及本宅之事，在乎照应赐福，预为读书地步，并须节俭持家。（节俭之道，自奉[2]则不可奢，做好事又不可吝也。）尤须要太太自己保重，如不爱赐福则已，如果爱赐福，则全靠太太自己保养，乃可长久。

七叔年高，面色太白，家中有好饮食好菜物，时时供养为要，我父辈四人，只有叔父耳。周寿山寄桂坞银三百五十两并信 件，可文招富、桂坞阅之。南竹山之事，嘱桂坞妥速办理为要。林翼明春或可寄银与桂坞亦未可定。

译文

十三日下午到十四日，没有一位客人来访，也没有一件公务处理，心中想念赐福，躺在床上时还在暗自垂泪。十五日冒

［1］赐福：即胡林翼的嗣子胡子勋。胡林翼没有子嗣，1857 年，胡林翼从堂弟家中过继一个男孩继承香火，取名胡子勋。

［2］自奉：自己日常生活享用。

雨来到白马寺，又有湖北人来访，也有信函寄到，又忘记了一切。大概一乡之内的事情，以端正人心、使社会风气淳朴为主，这些依赖于七叔的主持本领。我们一家的事情，以培养子弟、选择老师为重。我在一天，就会贡献资助一天，即使是百年也毫不松懈。

我个人和一家的事情，在于照应好赐福，预先准备读书的事情，并且要节俭持家。（节俭的方法是自己日常生活享用不可以奢侈，做好事又不可以吝啬。）尤其是太太自己要保重身体。如果不爱赐福就算了，如果爱赐福，就全靠你自己保养身体，才能长长久久。

七叔年老了，脸色太苍白，家里有好吃食好饭菜，要经常供养他。我父亲那一辈有四人，只剩下叔父了。周寿山寄给桂坞银子三百五十两和一封信，可以先交给招富、桂坞看。南竹山的事情，嘱咐桂坞妥善迅速地处理。我明年春天也许可以寄些银子给桂坞也不一定。

彭玉麟：劝力学为通儒

——《谕玉孙》

汝父以不羁之性，误军令而论斩，吾宗有后，血胤[1]在尔。汝父少不学，督率过严辄跅弛[2]，余切诫之。以其凶终恐

[1] 血胤：指同一血统的子孙后代。

[2] 跅（tuò）弛：放荡不羁。

覆吾祚[1]，今幸老朽可保首领，而令名未为渠伤，足可慰已。汝年虽稚，有跨灶[2]之誉，接尔安禀，觉字体骨秀得之天，文法高迈疑素习。吾祖孙间，何不可曲致其情，乃类孔氏，道不垂伯鲤而及子思耶！今后但求汝不应科举，不习刀马，隐于穷荒，读破万卷书为通儒[3]，于愿已奢。噫！缅怀杀戒，令吾悾忡[4]。

译文

你的父亲因为不受约束的性格，耽误了军令，依法应当判处斩首。我们家族的后人，继承血统的大任就在你身上了。你父亲年轻的时候不好好学习，对他督促过于严格，他就放荡不守规矩，我一再告诫提醒他。以他的顽劣，恐怕会损害我的福寿，现在我这个老头子幸运地保全了性命，美好的声誉也没有因为他受到影响，这是值得欣慰的。你年龄虽然还小，却有胜过你父亲的美誉。我接到你请安问好的信件，觉得字体坚拔秀丽，文法高迈好像平时就熟悉。我们爷孙之间，应该详尽表达自己的看法。就像孔子，他的道不传给儿子伯鲤，而传给孙子子思。从今以后，希望你不要参加科举考试，也不要学习舞刀骑马等武艺。只求你能隐居于边荒之地，做一个读书破万卷的

[1] 祚（zuò）：福。
[2] 跨灶：比喻儿子胜过父亲。
[3] 通儒：指通晓古今、学识渊博的儒者。
[4] 悾（kōng）忡（chōng）：忧虑不安。

博学儒者。果能如此，我的心愿就已经足够了。唉！遥想当年多犯杀戒，让我不安。

湘潭曹氏家训：学不可废，读书为第一

学不可废，读书为第一。不学，无以光耀祖宗遗训。孙曾[1]茫然，不识修身、齐家之道，或放荡流佚于礼法之外，或恃血气、仗钱财以贾祸，皆由不读书明理之故。谚云："书中自有黄金物。"惟不学则无术，大抵敦人伦，存节义，守礼法，尚廉耻，必本于读书。父兄教训子弟，量其姿质，虽钝者必令粗晓义理，略知文字，敏者务期远到[2]，切不可务外[3]。择名师，交益友，款洽殷勤，礼貌恭敬，使子弟谦虚就教，不染浮夸之习。自此门间昌大，而书香[4]不绝。

译文

学业不可以荒废，读书是头等大事。不学习，就不能够光耀祖宗的遗训。不读书，后代也会一无所知，不知道修身、齐家的方法。有的子孙行为放荡，游离于礼法之外，有的倚仗血性和勇气，倚仗家里的钱财，结果自招祸患，都是因为不读书

[1] 孙曾：孙子和曾孙。泛指后代。
[2] 远到：深远周到。
[3] 务外：研究学问只致力于表面，不求深入。
[4] 书香：指读书风气，原指书中夹香草发出的香味。

明理。谚语说："书中自有黄金物。"如果不去学习，也就没有本领。使人之间的伦理关系敦厚淳朴，怀有节操与义行，遵守礼法，崇尚廉耻，这些一定是以读书为本。父兄教育子弟，要考察其天资和禀赋，即使是头脑迟钝的人也要让其大概知晓义理，稍微认识一些文字；头脑灵活的人务必使其探求深远的义理，千万不能只满足于表面，不求甚解。要选择名师，交往益友，对待他们热情周到，礼貌恭敬，让子弟谦虚地向人请教，不致染上虚浮夸张的坏习惯。如此，就能使家门昌盛，读书识礼的风气绵延不绝。

醴陵黄氏家训：天下诸事至美者莫如读书

天下诸事至美者莫如读书。能励志勤学，由是列胶庠[1]、登科甲[2]，足以光前人，显父母。即或艰于遇合，亦足以明礼义，重伦常。故儒者之家，子弟虽力田，亦知孝弟诸大节[3]，是诵读之益人最大。朱子云："子孙虽愚，经书不可不读。"《孟子》曰："中也养不中[4]，才也养不才，故人乐有贤父兄也。"我族叨祖宗之灵，使家给人足，当乐捐产业，择基址，建义学[5]，

[1] 胶庠（xiáng）：周代学校名。周时胶为大学，庠为小学。后世通称学校为"胶庠"。

[2] 科甲：指科举。经科举考试录取者为"科甲出身"。

[3] 大节：指临难不苟且的节操。

[4] 中：指中庸之道，代指品德好的人。

[5] 义学：旧时一种免费学校，资金来源为地方公益金或私人筹资。

延名师，以为教论。无论贫富，凡可造之子弟，皆得受其裁成[1]。然此在有心于振家声者，以为培植之、作育之耳。

译文

天下各种事情中，最美好的莫过于读书了。子弟能勉励心志，勤奋学习，因此而进入官学、科举得中，便足以光宗耀祖，显扬父母。即便是后来没有遇到好的时机，也能够通晓礼义，重视伦常。所以读书的人家，子弟即使从事农耕，也知道孝顺父母、敬爱兄长等基本节操，这便是读书对人的最大好处。朱熹说："子孙虽然愚笨，圣贤书不可以不读。"《孟子》说："品德修养好的人教育熏陶品德修养不好的人，有才能的人教育熏陶没有才能的人，所以人人都乐于有好的父亲和兄长。"我们家族受祖宗神灵的佑护，家家富足，人人饱暖，应当乐于捐助资财，选择地点，建立义学，聘请名师，教育子弟。不管家庭贫困还是富裕，凡是可堪造就的子弟，都要受到培养教育。然而这些重要的事，都取决于有心提振家族声望的人去培育和努力。

资兴程氏[2]家训：凡有子孙者，必宜择师教训

凡世间大族之得名者，为有学者之济济也。而学者之所以济济者，由其读书者多以光前耀后为志也。窃见寡识者曰："人

[1] 裁成：犹栽培。谓教育而成就之。

[2] 资兴程氏家族第七十九世有程颢、程颐。程颢、程颐均为北宋理学家，师从周敦颐，同为理学创始人，世称"二程"。

生为图饱暖足矣，何必读书？”文章不疗饥，古人有言矣。殊不知此中清浊攸分，贵贱异等，村愚自不察也。前既有簪缨[1]之贤，后宜有继起之杰。凡有子孙者，必宜择师教训，严加督责，务以远大为期。为子孙者，亦当坚志向上，勉企前徽[2]，毋自弃，毋自暴，庶几光祖宗、耀门闾，可谓士矣，可谓大家[3]矣。

译文

世间的大家族凡是获得好名声的，都是因为有着众多的读书人。而读书人之所以众多，又是因为读书人大多把光耀祖先、造福后代作为志向。我私下看到见识短浅的人说：“人的一生就是为了吃得饱、穿得暖，何必要读书呢？”古人也曾说过，读书解决不了吃饭的问题。殊不知这是因为完全不知道读书可以明是非、辨清浊，可以识贵贱，这些道理，粗鄙愚昧的人是不明白的。家族前面已经有了成为高官显宦的贤者，后面应该有继续兴起的俊杰之士。凡是家有儿孙的，应当选择良师进行教育并严加督促，一定要激励他们达到远大的目标。作为子孙，也应当坚定志向，努力向前，努力向前贤看齐，不要不求上进，不要甘心落后，努力为祖宗争光、使家族显耀。这样的人，才能称得上是读书人，才能称得上是大家。

---

［1］簪（zān）缨（yīng）：古代达官贵人的冠饰，用来把冠固定在头上。后遂借以指高官显宦。

［2］前徽：前人美好的德行。

［3］大家：知识渊博者，博学的人。

湘乡易氏家训：无论智愚贫富，悉宜力学

圣贤立教，启瞶振聋。勤学奋志，其味无穷。心开茅塞，理义明通。气质变化，德性陶镕。富读五车，坐拥百城。经史子集，博引旁征。囊萤映雪，苦志勤攻。扶轮承盖，大雅儒宗。

读书讲学非为科名计也，不读书则正路蓁芜[1]，耳目蔽塞，前言往行，惘然一无所知，识见必不广，义理必不明，身心无所检束，以致不学无术、刚愎自用。或亵越伦常，或违逾礼义，干犯刑罚而不知，得罪名教而不悟。故人无论智愚贫富，悉宜力学。自小学、《孝经》、四书、五经而外，凡《周易》《仪礼》《尔雅》、史传、典坟[2]、丘索[3]以及诸子百家，务博览详究，以扩见闻。近见家业颇饶者，辄放逸怠惰，日逐于声色货利中，无儒雅气象。而家计维艰者，又往往半途坐废，为境所累，独不思囊萤映雪，负薪挂角。自古贤豪功业彪炳天壤，何莫非奋志诗书所由来哉？有志者事竟成，是所望于贤子弟焉。

译文

圣贤之人进行教导，能够唤醒糊涂麻木的人。勤于学习，振奋志气，能使人生丰富多彩。学习能使人明事理。学习能改变和塑造人的气质，培育造就人的道德品行。读书多的人学问

[1] 蓁（zhēn）芜（wú）：杂乱丛生的草木。引申为杂乱；纷乱。
[2] 典坟：“三坟五典”的略语。泛指各种书籍。
[3] 丘索：古代典籍《八索》《九丘》的并称。亦泛指古籍。

广博，知识丰富。读书多，就能对经史子集旁征博引。子孙们应该像囊萤映雪那样磨炼意志，勤奋攻读，扶持正统，服务大众，成为品德高尚、知识渊博的人。

读书讲学并不是为了考取科举功名。但是不读书就找不到通往圣人之道的途径，就像蒙住了眼睛、堵塞了耳朵。对前代圣贤的言行一无所知，见识必定不广，义理必定不明，就毫无检点和约束，以致不学无术，刚愎自用。有的人轻慢伦理纲常，有的人违反逾越礼义，触犯刑律还不知道，冒犯礼教也不会察觉。因此人无论是聪明还是愚笨，贫穷还是富有，都应该努力学习。除小学、《孝经》、四书、五经外，凡《周易》、《仪礼》、《尔雅》、史传、三坟五典、古籍以及诸子百家著作，务必广泛阅读，详细探究，以增长见识。近来见到家产富厚的人动不动就放纵逸乐，懒惰不勤，整日追求物质享受，没有一点温文尔雅的样子。而家庭生计困难的人，又往往半途而废，受到经济条件的拖累，不去学晋代的车胤抓萤火虫照明读书、孙康借着积雪的反光学习、汉代的朱买臣负薪读书、隋代的李密牛角挂书学习。自古以来，圣贤豪杰的功业照耀天地，有哪一个不是勤奋学习得来的？有志者事竟成，这就是我对贤良的家族子弟的期望。

韶山毛氏家训：刻苦读书，才能超过他人

奋志芸窗[1]：坐我明窗讲习，几曾挥汗荷锄。驱蚊呵冻志无休，诵读不分昼夜。任他数伏数九，我只索典披图[2]。桂花不上懒人头[3]，刻苦便居人右[4]。

译文

在书房发奋读书：坐在书斋研讨学习，就像挥汗如雨荷锄劳作。夏天驱赶蚊虫，冬天呵气使砚中凝结的墨汁融解，严酷的环境也不能让我的志向停止，不分白天和黑夜，我都要勤奋读书。不管是三伏天还是三九天，我只管翻看图书，展阅经典。科考功名绝不会落到懒惰之人的头上，唯有刻苦才能让我超过他人。

---

[1] 芸窗：指书斋。

[2] 索典披图：指看书学习，钻研学问。索，寻找。披，翻阅。典、图，书籍。

[3] 桂花不上懒人头：意为不勤奋学习不能登科成名。旧时以折桂喻登科。

[4] 人右：超过他人。

（二）士农工商，务本务正

《管子·小匡》云："士农工商四民者，国之石民也。"士农工商四民都是国家基石，不可或缺。在古代社会中，人们按照不同的职业和身份被划分为士农工商等不同的阶层。这些阶层代表着不同的社会分工，并且拥有不同的社会地位。

士即士人，是古代社会的精英阶层，他们通常是国家的官员和学者。士在政治、教育和文化领域扮演着重要的角色。他们接受良好的教育，凭借文化修养和学识，被视为社会的榜样。农即农民，是古代社会人数最多的阶层。他们主要从事耕作、畜牧等生产工作，是社会稳定和繁荣的基础。工即工匠和手工业者，他们又分为多种行业，具有一定的技能，制作各种器物满足人们日常所需，保存和改良各种工艺、技术。商即商人，负责商品的流通和销售，促进不同地区之间的经济交流。他们通常掌握着大量财富和资源，在社会上地位较低。

在四种阶层之中，士居四民之首，体现了士人阶级的特权和地位。农紧随其后，体现出统治者对于农业的高度重视。工匠推动工艺和技术的发展，位居农后。古代通常认为商人不劳而获、重利轻义，因此重农抑商，商贾自然只能排在末位。因此，古代社会阶层分为士农工商，是经济基础所决定的，亦是统治者的需要。但四种阶层之间也有密切的合作和依赖关系。

士需要依靠农民提供粮食，来维持社会的稳定和发展；农民需要士的管理和领导，维持社会秩序；而工匠和商人则为各个阶层提供各种生活必需品，推动社会经济的繁荣。

士农工商等职业观念深深地植入了人们的思想，也反映到了家训之中。王夫之在《传家十四戒》中告诫子孙，选择职业时要“能士者士，其次医，次则农工商贾，各惟其力与其时”。益阳刁氏家训对四种职业都给予高度评价，同时也鼓励族人克服惰、嬉等缺点，根据自身情况选择合适的职业。宁乡马氏家训则指出士农工商四种职业，人们不管选择哪一种，只要尽自己的能力，做到专和精，就能出人头地，有所作为。衡阳、邵阳、祁阳宁氏家训教育子弟学习士农工商乃至医匠星相等术，只要能做好一种工作，不做好逸恶劳之人就是可取的，体现出了就业观的进步。

王夫之：各惟其力与其时

——《传家十四戒》

能士者士，其次医，次则农工商贾，各惟其力与其时。吾不敢望复古人之风矩[1]，但似启、祯间稍有耻者足矣。凡此所戒，皆吾祖父所深鄙者。若饮博狂荡[2]，自是不幸而生此败类，无如之何，然其繇来，皆自不守此戒，丧其恻隐羞恶之心

[1] 风矩：风尚。

[2] 饮博狂荡：那种酗酒滥赌猖狂无行之人。

始。吾言之，吾子孙未必能戒之，抑或听妇言交匪类而为之。乃家之绝续[1]在此，故不容已于言。后有贤者，引伸[2]以立训范，尤所望而不可必者。守此亦可以不绝吾世矣。

译文

各人应当依凭自己的能力和机遇，能做官就去做官，其次就去做医生，再次就去务农做工经商。我不敢期望恢复古人的风尚，只要向天启、崇祯年间那些知耻的人士学习就够了。所有这些戒条所言之事，都是我们祖父所深恶痛绝的。像那种酗酒烂赌猖狂放荡之人，自然是家门不幸而生出的败类，对此甚感伤心和无奈。之所以会出现这些不肖子孙，都是因为他们不守戒条，丧失了恻隐羞恶之心。我这样告诫大家，子孙们未必能谨守此戒，或许会听信无甚见识的妇人之话，也或许因交友不慎而结交匪类犯戒。我们家存亡的关键在此，所以我不得不说。后代有贤明的人，充实生发此义建立家训和仪范，更是我期望但又很难达成的。谨守此戒，应可保我家根脉不断绝。

益阳习氏家训：士农工商，上可济世，中可肥家，下可润身，何惮而不务

民生在勤，勤则不匮，见于《楚箴》；民逸则淫，淫则忘善，见于《鲁语》。先王纳民于四业之中，上可以济世，中可以

[1] 绝续：存亡的关键。

[2] 引伸：充实生发。

肥家，下可以润身，亦何惮而不务哉？今胪举[1]以为后人训。

一、士有士之业，髫年[2]而入塾，白首而不能通一经，如是可以为士乎？夫士不患名之不立，而患业之不精，亦不患业之不精，而患业之不勤。董江都目不窥园[3]，朱公穆不知马足[4]，古人之勤学也如此。况诗书非误人之事，车服亦稽古之荣[5]。愿族中父兄之贤子弟之有造者，毋以怠忽从事。

一、农家之业，赋命攸关。庄子曰："耕而卤莽之，亦卤莽而报予；耘而灭裂之，亦灭裂而报予。"一夫不勤，必有受之饥者，奈何贪一时手足之逸，而忘终岁生活之资乎？我族之强壮务农者，须计日课功，切不可颓惰自安，致荒田亩。至衣食并资蚕织，妇人之业，亦宜相辅以勤。

一、百工之业，在民则列于九职，在国则与居六职，固服食器用之所由备也。子夏曰："百工居肆以成其事。"可见工虽小道，亦精于勤。器而窳[6]，墁而画[7]，血指而汗颜，人必以

[1] 胪（lú）举：列举。

[2] 髫（tiáo）年：童年、幼年时期。

[3] 出自《汉书·董仲舒传》："少治《春秋》，孝景时为博士。下帷讲诵，弟子传以久次相授业，或莫见其面。盖三年不窥园，其精如此。"后因以"目不窥园"形容治学专心。

[4] 出自《后汉书·朱穆传》："及壮耽学，锐意讲诵，或时思至，不自知亡失衣冠，颠队坑岸。其父常以为专愚，几不知数马足。穆愈更精笃。"

[5] 稽古之荣：考察古事的荣誉。

[6] 窳（yǔ）：粗糙，不坚实。

[7] 出自《孟子·滕文公下》："有人于此，毁瓦画墁，其志将以求食也，则子食之乎？"朱熹注："墁，墙壁之饰也。毁瓦画墁，言无功而有害也。"墁，墙上的涂饰。

为贱工矣。托业于此者，可一日舍业以嬉乎？

一、通有无，化居积者，商也。人而不士、不农、不工，更何以为生业乎？昔妹土有车牛服贾之风，汉家有盐铁算缗之法，盖亦所上充国用而下顾身家也。然而都会之繁华，风花雪月之招引，一经浪费，生理[1]何存？逐什一者，尚其慎之。

译文

人民的生计在于勤俭，勤俭就不会缺乏财物。这句话出自《楚箴》。老百姓闲散安逸就会过度享乐，过度享乐就会忘记美好的品行。这句话出自《鲁语》。古代帝王将百姓纳入士、农、工、商四种行业之中，向上可以救济世人，中间可以发家致富，向下可以使自身受益，为什么要畏惧害怕而不勉力从事呢？现在列举出来它们的功用，当作后人的教训。

一、读书做官有读书做官的事业，幼年时期进入私塾，到年老的时候却不能理解一种经书，这样可以算读书人吗？读书人不怕美好的名声树立不起来，而怕学业不精深；也不怕学业不精深，就怕学习不勤勉。董仲舒专心治学，三年无暇观赏花园的景致。朱穆沉湎学习，他父亲认为他是不通世事的傻子，连马有几条腿也弄不清。古人勤苦学习是这样的。况且研习诗文经书不是害人的事情，留心车舆礼服也是考察古人的礼教。希望家族中可堪造就的子弟，不要用懈怠轻忽的态度来对待读书。

[1] 生理：生计。

一、农家的事业，关系人的生命。庄子说："马虎从事耕作，则收成也马虎地回报我；除草比较粗略，收成也粗略地回报我。"一个农夫不勤快，就一定有因此而挨饿的人，为何要贪图一时的安逸，而忘记一整年生活的粮食呢？我们家族从事农业的强壮劳动力，必须计算日数认真劳作，切不可以颓废懒惰、自我享乐，导致田亩土地荒废。至于衣服和食物以及蚕织等，是妇女的工作，也应当勤勉，相互帮助。

一、各种工匠、手工业者的事业，在民间是九种职业之一，在国家是六种职别之一，本来是人们的衣服饮食器用得以保障的原因。子夏说："各行各业的手工艺人坐在店铺作坊里，完成他们制造和出售产品的业务。"可以看出工艺技术虽是小道，也要勤勉才能专精。制作的器物粗糙不坚实，在粉刷的墙壁上乱画，手指出血，脸上冒汗，人家一定会以为是没有技术的。以此为业的人，难道可以放下活计而成天游手好闲吗？

一、沟通有无、交换积存之物的是从商的人。一个人不读书，不务农，不做工，还能怎样维持生计？过去商朝的妹邑有赶牛车经商的风气，汉代有盐铁专卖和算缗的税法。从事这种职业，上可以满足国家的用度，下可以保障自己和一家的生活。然而都市繁华，充满花天酒地的诱惑，一旦为之挥霍无度，又怎样维持生计呢？经商的人，也要谨慎啊。

宁乡马氏家训：士农工商，各居一业，欲其专且精也

士农工商，各居一业，欲其专且精也。士当谨择名师，屏除俗务。早夜披吟，则闻见日博；精心研炼，则知识日开。养成德性，学问精深，则吐属工雅，出笔惊人。名成利就，自有余荣。此士之本业所当务也。

稼穑（sè）者，生民之本图，耕宜深耕[1]，耨[2]宜易耨。精勤独至，则土田所出，必倍寻常。民无旷土，多种瓜蔬，佐食有余，可供蓄养。山林蓄禁，则材木茂美，蓄养池塘，则水族繁盛。农人惜粪如金，务宜广蓄。此农之本业所当务也。

一物不备，不足以济生民之用，工商其可少乎？工者，巧也。师必求良师，器必求利器。技艺日习则日熟，日熟则日精。精则所制器物，人无不爱，爱则人皆争市，获利既多，艺名亦著。宋斤鲁削[3]，名擅千秋。此工之本业亦当务也。

商通货财，或数十里之中，或百里千里之外，以其所有，易其所无，获数十倍之利，而不失为公平正直之人，此慧商也。即或赀本有限，本乡本地鱼盐酒米，凡百杂货，亦可因时变化，铢积寸累[4]，亦不患货财不生殖焉。此商之本业亦当务也。

[1] 深耕：把深层的土壤翻上来。
[2] 耨（nòu）：除草。
[3] 宋斤鲁削：宋国产的斧头和鲁国产的曲刀，形容技艺高强。
[4] 铢积寸累：一点一滴地积累。

译文

士农工商，各自从事自己的职业，是为了对自己这一行专一且精通。读书的人应当谨慎选择有名的老师，排除生活中的日常事务。早晚开卷诵读，见闻就会日益广博；用心研究锤炼，知识就会日益开发。养成好的道德品性，学问知识精深，就会谈吐文雅，下笔惊人。功成名就，自然身后留下荣耀。这是读书人应当追求的。

农业是万民生存的根本，耕田应该深耕，锄草应当勤快。耕种时精心勤勉超出众人，那么田地的产出，一定比平常多出几倍。民间没有荒芜的土地，多种瓜果蔬菜，吃起来如果还有剩余，可以喂养牲畜。山林禁止砍伐，则木材茂密质美，池塘蓄积休养，则水产繁多兴盛。农民爱惜粪土肥料，务必多加储积。这是务农的人本来要做的事情。

器物缺少一种，就不能满足民众所需，手工业和商业怎么可以少呢？手工业，讲求的是技巧。拜师傅一定要找可靠的，选工具一定要选好用的。技艺每天练习，就会日益熟练，日益熟练则日益精纯。技术精纯，则制造出的器物没人不喜爱，受喜爱则人们竞相购买，工匠获利就多，名声也会显著。宋国产的斧头和鲁国产的曲刀，美名千古流传。这是从事手工业的人本来所要做的事情。

经商的人让货物钱财流通，有的在数十里之内，有的在百里千里之外，用他拥有的东西，交换他没有的东西，获得数十倍的利润，却不愧是一个公平正直的人，这是聪慧的商人。即使资本有限，本乡本地的渔产、食盐、酒水、米谷，以及各种杂货，也可以根据不同时间行情的变化来获利，一点一滴地积累，也不愁财富不增长。这是经商的人本来要做的事情。

衡阳、邵阳、祁阳宁氏家训：左右务一件生理，不做食闲子弟

人家子弟有一世贫穷者，有先殷富后贫穷者，岂尽数命[1]使然？或因懒惰偷闲，不求资身[2]之策所致，未可知也。吾愿吾族子弟各务生理。读得书的以读书为生理，耕得田的以耕田为生理。无书可读，无田可耕，或为商，或为贾，或为医匠星相等术，左右务一件生理，这方是不叫做食闲子弟。大之可以取富贵，小之不致穷饿。若不去务生理，难免贫穷，及到贫穷无以度活，不免做出许多不好的事。弱者鬻身[3]卖子，低眉下贱；强者额外横取，光棍骗人，甚至生事非为，出乖弄丑，玷辱祖宗矣。故务生理一事，子弟不可忽也。

译文

别人家的子弟，有的一生贫穷，有的先富后穷，这难道都是命运造成的吗？说不定是懒惰闲散，不追求资养自身的方法所导致的。我希望我们家族的子弟各自从事一项生计。会读书

[1] 数命：命数。
[2] 资身：资养自身。
[3] 鬻（yù）身：卖身。

的以读书为生计，会种田的以种田为生计。没有书可读，没有田可种的，或者做商人，或者从事医药星命相术等，左右都要有一项生计，这才能不被叫作吃闲饭的人。这样的话，往大了说可以谋取荣华富贵，往小了说不致贫穷饥饿。如果不去做事谋求生计，不免贫穷。当贫穷到难以过活的时候，难免会做出许多不好的事情。能力弱的，卖身卖子，对人低眉顺眼，卑贱驯服；能力强的，抢夺不是自己的东西，做流氓无赖欺骗别人，甚至生出事端，胡作非为，出丑卖乖，玷污祖宗。所以从事一项生计这件事，子孙不可以忽视。

湘阴任氏家训：苟精一业，不至有贫穷之患

民生在勤，勤则不匮。无论为士、为农、为工、为商，苟[1]精一业，于以博功名、致富有不难，即不幸而无成，亦不至有贫穷之患。若使人而无业，或有业而不勤，怠惰自甘，无所事事，朝不谋夕，流荡忘归，如此则与无业游民何异？几何不至穷饿以终也！故士必勤诵读，农必勤耕耨，工必勤艺术，商必勤贸易。诚之所至，金石为开，业虽不同，而其克底于成[2]则一。吾族中人亦众矣，其有业者亦多矣，而其不士、不农、不工、不商者，亦在所或有。推求其故，皆由不勤之所致。时不再来，事将谁咎？少壮不力，老大徒悲。吁，晚矣，可惧也已！

[1] 苟：如果，假使。

[2] 克底于成：能够最终完成。

译文

民众的生计在于勤勉，勤勉就不会家资匮乏。不管是读书的，还是务农的、做工的、经商的，只要精通一种行业，用来博取功名、发家致富都不难，即使不够幸运而没有成功，也不至于有贫穷的忧患。如果一个人没有事做，或者有事做而不勤勉，自己甘愿懈怠懒惰，每天无所事事，早晨不为晚上打算，到处浪荡忘记回家，这样的话与没有事做的人有什么区别？有几个不是贫穷饥饿地结束一生？所以读书的人一定要勤勉地诵读经书，务农的人一定要勤勉地耕地锄草，做工的人一定要勤勉地练习技艺，经商的人一定要勤勉地从事贸易。精诚所至，金石为开。行业虽然不同，但是要努力地做好自己的本业是一样的。我们家族的人很多，有自己事业的人很多，然而不读书、不务农、不做工、不经商的人，同样也有。推测其中的原因，都是不勤勉导致的。时机错过就不再来，事情能怪到谁身上？少壮不努力，老大徒伤悲。唉，那时候就晚了，可怕啊！

沅江徐氏家训：各居一业，切不可越四民外

子弟之贤，由于父兄。孟子曰：“中养不中，才养不才，故人乐有贤父兄也。”所以古人有胎教[1]，有能言[2]教，有小学、大学之教，子弟易于有成。今世之教子弟者，文艺诗赋与一切

[1] 胎教：古人认为胎儿在母体中能受孕妇言行的感化，所以孕妇必须加强自身的调养和修养，给胎儿良好的影响。

[2] 能言：善于辞令。

词歌策论，不过图取功名，而于道德未闻也。次者教之行书、修柬、杂字、算法，以便异日书计。下者学之词状话套，匿名造谣，使子弟异日免受欺侮。不知肆猾逞刁，即在此时安脚，虽教之，实害之矣。吾族训子弟者，无不恺切[1]周详，但族夫人众，岂尽知教法当正，养正当豫乎？故凡有子弟者，五六岁时，令入家塾，读书习字，随其性质，授以多寡。及稍长有知，便择端方师友，将经书传史严加课迪，务使变化气质。虽一行一动，不可任情旷荡，要在守法循规，不失醇谨诚实。且俊秀子弟虽贫，务必读书，否则聪明必至误用。苟能知书识礼，如训蒙外，医鉴、卦命皆可谋生。至姿格愚鲁，贫窘不能送读，亦当改业就教。农者教以耕稼，工者教以技艺，商贾教以公平交易。以上各居一业，切不可越四民外为僧，为道，为胥隶[2]，为优娼[3]、屠宰及奴仆役徒，有坏门风，恐后有贤肖光显门第，不免议其微贱，况贻谋不善，又安得有干蛊[4]之子孙乎？训子弟者各宜教之，以正期无愧家声是凛耳。

译文

子弟的贤明，来自父辈兄长的教导。孟子说：“品德修养好的人教育熏陶品德修养不好的人，有才能的人教育熏陶没有才能的人，所以人人都喜欢有好的父兄。”所以古代的人，有

[1] 恺切：同“剀切”。切实；切中事理。
[2] 胥隶：官府中的小吏和差役。
[3] 优娼：原指从事歌舞和杂技的艺人，后多指妓女。
[4] 干蛊：儿子能完成父亲未竟之业为“干蛊”。蛊，事。

胎教，有辞令的教育，有小学、大学的教育，子弟容易有所成就。现如今教导子弟的人，教授文学诗赋和所有词歌策论，不过是为了求取功名，没有听说传授道德的。次一等的，教授行书、修束、杂字、算法，以便以后书写计算。最低等的，教授诉讼文书的套话、匿名造谣的方法，使子弟他日免受欺侮，却不知道狡猾无赖就是从这里开始的，虽然是教导他们，实际是害了他们。我们家族教诲后辈子弟，无不切实周到，但族人众多，怎么能都知道教导的方法应该正确，涵养正道应当早做安排呢？所以凡是有子弟的，在他五六岁时让他进入家里的私塾读书习字，根据他的秉性资质，或多或少地传授。当他年龄稍长知道得更多，为他选择庄重正直的老师，严格督促开导他学习经书史籍，务必改变他的气质。即使是一行一动，也不可以任性而为、放荡不羁，必须遵守礼法和规则，做一个醇谨诚实的人。才智杰出的子弟，即使贫穷也要读书，否则聪明就会被错误使用。只要能知晓经书、通达礼仪，除教导孩童外，悬壶济世、打卦算命都可以谋生。至于资质愚钝的，如果家中贫困不能送去读书，也应当去别的行业求教学习。务农的人教他种庄稼，做工的人教他工艺技术，经商的人教他公平交易。从上面所说的四种职业各自选择一种作为事业，切记不可以逾越这四种行业，成为僧侣、道士、胥吏、倡优、屠夫以及奴仆杂役而败坏门风。如果违背，即使后代有贤德的子孙光宗耀祖，恐怕人们也不免会议论他出身卑微低贱。况且对后辈的训诲不正确，又怎么会有超过自己的子孙呢？训诲子弟的人应该好好教导，严肃地期望他们无愧于家族的声誉。

安化蒋氏家训：须令读书识字，然后因其材以教之

昔人有言："教妇初来，教子婴孩。"今人子弟之不肖，大抵自幼便骄惰坏了。教之道无他，亦授之业，以考其成而已。子孙而聪颖，当以读书为业；子孙而愚鲁，亦须令读书识字，然后因其材以教之。或为农，或为工，或为商。若嫖赌、洋烟及结盟、拜会，一切败路邪教，尤当预为防闲，严行禁止。倘一误入其中，便难救药。

译文

从前有人说："教育媳妇，要在她刚过门的时候；教育小孩，要在他还是婴儿的时候。"如今的人家，子弟没出息，大多是他从小便骄纵怠惰坏了。教育的方法没有别的，就是传授学业，考核他是否完成。子孙如果天资聪颖，应当以读书为业；子孙如果愚笨粗鲁，也要让他们读书认字，然后根据他们的资质来教育他们。或者成为农民，或者成为工匠，或者成为商人。像嫖娼赌博、抽大烟及结盟入会等，都是破败之路、旁门左道，尤其应当预先防范，严格禁止。一旦误入其中，就难以救治了。

石门覃氏家训：士农工商，各务本业

族中子弟三五岁以上，亟宜严加约束，不可任其嬉笑怒骂。凡孝弟、忠信、礼义、廉耻等语，只作俗语分解，使其渐知应对进退之礼。年及六七，即从师授读，一切里巷伤风败俗之语，毋令入耳出口。少成若天性，习惯成自然。渐至成人，士农工商，各务本业，各端品行，断勿纵其嫖赌游荡，入于下流。若夫聪明俊秀之子，务令日就月将，缉熙光明[1]。其或家贫难以就傅[2]者，族长亦须将公积相助，考课奖赏。如此培植，行见芝兰玉树生于庭阶[3]，发祥其可量乎？

译文

家族中的子弟到了三五岁以上，应该尽快严格加以约束，不可以任由他们嬉戏吵闹，发怒谩骂。像孝顺父母、尊敬兄长、忠诚守信、礼法道义、廉洁羞耻这类词语，用俗话给他们解释就好，让他们渐渐知道与人对答和与尊长、客人见面、告退时的礼仪。当年龄到了六七岁，就要拜师读书，一切大街小巷中流传的伤风败俗的话语，不要去听，不要去说。少年时养成的习惯，如同天生的一样；形成习惯，就成为很自然的事了。渐

[1] 出自《诗经·周颂·敬之》：“学有缉熙于光明。”意为学那些光明中之更光明者。光明，指贤人。后因以“缉熙”指光明。

[2] 就傅：从师。

[3] 芝兰玉树生于庭阶：指家族中的优秀人才，典出《世说新语·言语》：谢太傅问诸子侄：“子弟亦何预人事，而正欲使其佳？”诸人莫有言者。车骑答曰：“譬如芝兰玉树，欲使其生于庭阶耳。”

渐成人后，士农工商，让他们各自做好自己的本行，各自端正自己的品行，不能放纵他们嫖娼赌博到处游荡，成为下流的人。如果天资聪颖，才智杰出，务必要让他每天每月都有进步，日趋贤达。如果他家里贫穷难以从师，族长应该拿出族中的公共积储加以援助，进行考察后奖赏他。这样培植子弟，族中一定会出现优秀人才，就像芝兰玉树生长在庭院之中，家族的兴旺不可限量啊。

齐家篇

和睦之道，勿以言语之失，礼节之失，心生芥蒂。

——王夫之《丙寅岁寄弟侄》

一、和谐有序的家庭观

（一）治家：治家贵和，家和福生

家庭的起源可以追溯到原始社会。家庭作为社会的基本单元，对社会的良性运行和协调发展起基础性保障作用。一个和睦的家庭，不仅能够给人带来温馨和幸福，还能够让人在家庭中得到支持和鼓励，从而更加自信地面对外界的挑战。

和谐幸福的家庭离不开成员之间的相互理解，相互包容和谦让。王夫之在《丙寅岁寄弟侄》中告诫弟侄，家庭要和睦就不能因为言语上的冲突，礼节上的疏忽而在心里斤斤计较。族人产生矛盾，他深表忧虑，在写给族弟尔弼的信中，感叹族人失去常态，争执不断。误会与矛盾在所难免，只有彼此多一些担待，包容大度，生活才会圆满幸福。

"兄弟和，虽穷氓小户必兴；兄弟不和，虽世家宦族必败。"曾国藩一生写了一千多封家书，其中很大一部分是写给四个弟弟的。曾国藩家书中对弟弟的严格教诲，令世人惊叹和感动。友爱兄弟是其治家、修身的重要内容。曾国藩将兄弟关系放在家庭建设的重要地位。他说："夫家和则福自生，若一家之中，兄有言弟无不从，弟有请兄无不应，和气蒸蒸而家不兴者，未之有也。"

夫妻相敬如宾，相互尊重和信任是家庭幸福和谐的重要前提。左宗棠和妻子周诒端感情和谐，夫妻和睦，二人夫唱妇随，传为佳话。左宗棠入赘湘潭名门周家为婿后，妻子周诒端说服长辈，分居西屋，给左宗棠营造了良好的学习和生活环境。1833年，左宗棠第一次进京应会试，需要大量盘缠。左宗棠没钱，周诒端从嫁妆中拿出一百多两银子作为丈夫进京的路费。不料，左宗棠回乡探望姐姐，看到姐姐一家生活十分困难，便把钱全部给了姐姐。周诒端没有生气，又向亲戚借了一百多两银子给左宗棠。不料左宗棠此次会试却名落孙山。此后，左宗棠连续两次应试，均未考中。但周诒端从未责怪丈夫。后来左宗棠侧身佐戎幕，又担任地方大员，夫妻聚少离多，周诒端也毫无怨言，打理家务，孝敬老人，教育子女。可以说，左氏的成功也是夫妻和睦的结果。

自古以来，中国就重视家庭的和谐之道，深谙维护家庭和睦的重要性。家庭的和睦离不开包容、和谐与尊重。家庭和睦，家族和谐发展，这是中国礼乐文明延绵不绝的重要根基。

周敦颐[1]：知安乐，喜无尽

——《与二十六叔等手帖》

惇实启：孟秋[2]犹热，伏惟二十六叔、三十一叔、诸叔母、诸兄长尊体起居万福。周兴来，知安乐，喜无尽。惇实守官外，与新妇[3]幸如常，不劳忧念。来春归乡，即遂拜侍。未间，伏望顺时倍加保爱，不备。侄男惇实状。拜上二十六叔、三十一叔、诸叔母、诸兄长座前。七月六日夜。

诸弟、诸侄安乐。好将息！好将息！

译文

惇实谨述：孟秋时节，天气还是炎热。只愿二十六叔、三十一叔和各位叔母以及兄长，身体健康，生活顺遂。周兴来后，我了解到你们都平安快乐，我心中非常欢喜。我在外做官，和妻子一切如常，请你们不要担忧。明年春天我们返回家乡，就过来陪伴侍奉。在此之前，希望你们顺应天时，更加保重身体，我心中之言难以尽述，在此就不一一详说。侄儿惇实谨述。向二十六叔、三十一叔和各位叔母以及兄长请安。七月六日夜。

愿各位弟弟、侄儿平安喜乐！多加保重！多加保重！

---

[1] 周敦颐（1017—1073）：北宋理学家，字茂叔，道州营道（今湖南道县）人。周敦颐幼年时失去了父亲，舅舅龙图阁学士郑向爱之如子，又为他取名惇实。因筑室庐山莲花峰下的小溪上，以濂溪名之，后人遂称“濂溪先生”。

[2] 孟秋：秋季的第一个月，即农历七月。孟，每季月份中居首的。

[3] 新妇：指周敦颐的继室，太常丞蒲宗孟的妹妹蒲氏。

李东阳[1]：骨肉之情非道路比也

——《与阖族书》

家门不幸，儿子兆先[2]遽尔夭折。哀痛摧裂，不知所措。吾兄弟子侄闻之，当同此一恸（tòng）也。

近累得家信，要还居茶陵，盖闻有买田常州之说故尔。缘常州去京稍近，地利甚饶，而田价骤贱，又有诸知旧借银买田数亩，因令李顺父子前去一看，实未能遽弃坟墓以往。况今遭此大变，就使得脱职务，亦不过老于京邑。非但不能归茶陵，亦决不能居常州。姑俟（sì）葬毕，即呼去仆回京也。

比[3]得董太守书，云为我造屋，已蒙巡按准行，令人惊愕累日。自念作官四十年，不能一日庇乡里，乃复以土木筋力为之累，纵令出自宗族，亦必借官府之声势财力，于心诚不安，而怨怒诮谤亦所不免。使得归而居之，犹为得不偿失。今乃以虚名招实怨，亦何所苦而为之哉？往岁牌坊之作，在本家已为多费，而官府复屡为之，苦不早闻。及具书辞免，则其事已遂，不意今者复蹈前辙而又甚焉。悲怆之余，增我郁悒，用是衔哀执笔，亟达此情。望我同姓深相体念，亟告于官，停此大役[4]，

[1] 李东阳（1447—1516）：字宾之，号西涯，湖南茶陵人。明天顺八年（1464）进士。官至吏部尚书、华盖殿大学士。明代文坛重要人物，为茶陵派领袖。书法擅篆、隶、行、草诸体，自成一家。有《怀麓堂集》《怀麓堂续稿》等。

[2] 兆先：李兆先，字徵伯，李东阳子，27 岁病死。

[3] 比：近来。

[4] 大役：需要大量劳动力才能完成的徭役。此处指族人为其造屋之事。

乃见骨肉之情非道路比也。《湖广乡录》尚未至，二侄不审消息如何，县[1]渴县渴。

译文

家门不幸，儿子兆先突然夭折。我悲痛欲裂，不知所措。我的兄弟子侄闻此消息，应当感到同样的哀痛。

近来多次收到家书，邀请我回茶陵定居，可能是听说我有意在常州买田的缘故。因为常州距离都城南京稍近，土地富饶，而田价骤降，又有知交旧友借钱买几亩田，因此让李顺父子前去看一下，实际上未能即刻放弃老家去往常州。何况如今遭此大变，即便得以离职，也不过是在京城养老。非但不能回到茶陵，也绝对不能居于常州。暂且等到葬礼结束，便叫去往常州的仆人回京了。

近来收到董太守的书信，信中说要为我建造房屋，已得到巡按御史的准许，让我惊愕数日。我自感做官四十年，不能庇护家乡一天，反而累及家乡为我耗费土木与劳力，纵使命令出自宗族，也一定借助了官府的声势和财力。我心中实在不安，而旁人的怨愤谴责也在所难免。即便我得以返乡居住，尤为得不偿失。现在是以虚妄的名声招来实在的怨怒，又何苦要做这样的事？往年修建牌坊，已让族人花费很多钱财，而官府又多次这样做，我苦于没能早些听闻。等到写信推辞，事情已经做完了，不想如今又重蹈覆辙且变本加厉了。悲伤凄怆之余，增

[1] 县：同“悬”。悬挂。

添我的忧愁，因此带着哀伤提笔写信，急迫传达我的此种心情。希望我的同姓族人相互体谅，赶紧告知官府，停止大兴土木之事，才可见骨肉之情非寻常路人可比。《湖广乡录》还没到，两位侄儿不知有无消息，甚为挂念。

江盈科[1]：饮之食之，教之诲之，此之为德

——《与苏东皋姑丈》

忆不肖丱[2]时不得意，辱姑丈念葭莩之末[3]，收之幸舍，饮之食之，教之诲之，此之为德，岂止淮阴钓矶上一饭哉？乃不肖偃蹇[4]风尘几二十年，愧得寸进，而姑娘墓木拱矣[5]，安所称报德为？幸姑丈桑榆之年，愈益神王苍苍，长养善人，当与先秦黄发共登寿域。不肖执爵奉杖，祝噎祝哽[6]，尚有待也。偶值便鸿，短笺奉候，附致不腆，用表区区。姑娘薄奠，杪秋[7]为期耳。

[1] 江盈科（1553—1605）：字进之，号渌萝山人。湖南桃源人。明代万历间进士，官至四川提学副使，是明朝晚期文坛“公安派”的重要成员之一，著有《雪涛阁集》《雪涛阁四小书》《皇明十六种小传》等。

[2] 丱（guàn）：古时儿童束发成两角的样子。借指童年。

[3] 葭莩（fú）之末：比喻疏远的亲戚关系。葭莩，芦苇中的薄膜。

[4] 偃（yǎn）蹇（jiǎn）：困顿。

[5] 墓木拱矣：坟墓上的树木已有两手合抱那么粗了。形容人死了很久。

[6] 祝噎祝哽：古代养老之理，老人进食容易哽噎，故设置专人祷祝他们不哽不噎。

[7] 杪（miǎo）秋：晚秋。杪，年月季节的末尾。

译文

回想我小时候生活不如意，承蒙姑丈顾念远亲之情，收留我住在客舍，供我吃，供我穿，教导训诲我，这是大恩大德，岂止淮阴钓鱼台上的一饭之恩？近二十年来，我在纷乱的社会中一直处于窘迫的状况，我实在惭愧只取得微小的长进，而姑母故去多年，我却没有做什么能称得上报答恩德的事。所幸姑丈虽已年老，精力却更加旺盛，抚养品质淳厚的人，应该会和先秦的长寿老人一样得尽天年。到那时我端着酒杯，侍奉手杖，祷祝您吃饭喝酒时不哽不噎，这真是值得期待的事情。我偶然碰到有人带信，特奉上短信一封，并附上微薄的心意，聊表我心。祭奠姑母的日期，就定在晚秋吧。

王夫之：勿以言语之失，礼节之失，心生芥蒂

——《丙寅岁寄弟侄》

和睦之道，勿以言语之失，礼节之失，心生芥蒂。如有不是，何妨面责，慎勿藏之于心以积怨恨。天下甚大，天下人甚多，富似我者，贫似我者，强似我者，弱似我者，千千万万，尚然弱者不可妒忌强者，强者不可欺陵弱者，何况自己骨肉！有贫弱者，当生怜念，扶助安生；有富强者，当生欢喜心，吾家幸有此人撑持门户。譬如一人左眼生翳[1]，右眼光明，右眼岂欺左眼，以灰屑投其中乎！又如一人右手便利，左手风

[1] 翳（yì）：眼睛角膜病变后遗留下来的瘢痕组织。

痹，左手岂妒忌右手，愿其同瘫痪乎！不能于千人万人中出头出色，只寻着自家骨肉中相陵相忌，只便是不成人。戒之，戒之！

译文

家庭和睦的方法，就在于不能因为言语和礼节上的过失而心生不满。如果有做得不对的地方，不妨当面指出来，千万不要藏在心里，积聚怨恨。天下很大，天下人很多，像我一样富有的人，像我一样贫穷的人，像我一样强大的人，像我一样弱小的人，有千千万万。弱者尚且不可妒忌强者，强者尚且不可欺凌弱者，何况是自己的至亲呢！家族中有贫弱之人，当生怜爱之情，扶助他们，让其生活安定；家族中有富强之人，当生欢喜之情，我们家族幸亏有这种人支撑门户。这就好比一个人左眼有角膜病变留下的痕迹，右眼光明，右眼难道会欺负左眼，把灰屑投入左眼中吗？又好比一个人右手灵活，左手患风痹症，左手难道会妒忌右手，希望右手也瘫痪吗？不能于千万人中出类拔萃，只在自家至亲中互相欺凌、妒忌，这便不成其为人了。应该戒除此事！应该戒除此事！

曾国藩：家和则福自生

——《禀父母》

夫家和则福自生，若一家之中，兄有言弟无不从，弟有请兄无不应，和气蒸蒸[1]而家不兴者，未之有也。反是而不败者，亦未之有也。

译文

一个家庭和睦那么福泽自然就会产生，如果在一个家庭里面，哥哥说出的话，弟弟没有不奉行的，弟弟有请求，哥哥没有不答应的，家庭充满和气而家道不兴旺的，从来没有过。相反却家道不衰落的，也从来没有过。

曾国藩：吾教子弟，不离八本、三致祥

——《谕纪泽纪鸿》

吾教子弟，不离八本、三致祥。八者曰：读古书以训诂为本，作诗文以声调为本，养亲以得欢心为本，养生以少恼怒为本，立身以不妄语为本，治家以不晏起[2]为本，居官以不要钱为本，行军以不扰民为本。三者曰：孝致祥，勤致祥，恕致祥。

[1] 蒸蒸：兴盛的样子。
[2] 晏起：很晚才起床。晏，晚。

译文

我教导子弟离不开“八本”“三致祥”。“八本”为：读古书以字句解释为本，做诗文以讲求声调为本，奉养父母以得到他们的欢心为本，修养身心以少恼怒为本，立身处世以不胡乱讲话为本，治理家庭以不晚起床为本，做官以不要钱为本，行军以不骚扰百姓为本。“三致祥”为：孝顺能带来吉祥，勤奋能带来吉祥，宽恕能带来吉祥。

胡林翼：治家贵和

——《致枫弟等》

治家贵和，固也。然“和”字最不易言。聚父子母女兄弟姊妹于一室，其势必能和睦，何也？以其有天性存也。若聚婆媳妯娌姑嫂于一室，其势必不能和睦，何也？以其本无天性之亲也。其聚也，因其夫身所系，乃适然[1]会合也，而又利害相冲突，旁人相构煽[2]，面亲而心远，欲求其和，谈何容易！故百忍成金，传为美事，以其不易也。吾家聚族而居，均无间言，骨肉和睦，至可欣喜。然吾弟从中维持之苦，亦从可知矣。兄客里[3]岑寂，颇有感于家室之乐，而又联想及于同居之难，草草握管，专布胸臆。吾弟阅之，有同感否？

[1] 适然：偶然。

[2] 构煽：挑拨煽动。

[3] 客里：离乡在外期间。

译文

治理家庭和睦最为重要，这是本有的道理。然而“和”字是最不容易说的。把父子、母女和兄弟姐妹都聚集在一个房间里面，这样的情势肯定能和睦，为什么呢？因为他们之间存在天生的血缘关系。倘若把婆媳、妯娌和姑嫂聚在一个房间里面，这样的情势必定不会和睦，为什么呢？因为她们之间不存在天生的血缘关系。她们聚在一起，是因为她们丈夫的关系，是偶然的会合罢了，且利益得失又相互冲突，别人又挑拨煽动，表面亲近但内心疏远，想要寻求她们和睦相处，谈何容易啊！所以百般容忍像金子一样可贵，传扬开去成为美谈，是因为这是件不容易的事。我们家族人聚在一起居住，都没有非议之言，至亲之间和睦，这是最值得欢欣喜悦的事。然而弟弟你在中间协调的苦处，也从中可知。我离乡在外的时候十分孤寂，对家庭的快乐很有感触，但是又想到住在一起的难处，潦草地执笔，专门写下内心的想法。弟弟你看了之后，有同样的感受吗？

（二）父母：人生百行，孝为最先

“百善孝为先。”孝是一种美德。鸦能反哺，羊知跪乳，大地滋润着万物，父母养育了我们，每个人都是在父母的悉心照料、精心呵护下长大。在人的一生中，从呱呱坠地来到这个世间开始，对自己恩情最深的就是父母。孝敬父母天经地义。孝敬父母是我们对父母之爱的最真切的报答，也是最朴实的爱的表现。

衡阳邗（hán）江的王氏家族便以忠孝传家。王夫之在《显考武夷府君行状》中记录了父亲王朝聘的孝行事迹。王朝聘生性孝顺。他日日早晚问候父母的起居，为了不打扰父母，每次都站在门外，听到父母言笑平善，就开心蹑足而退。他的父亲生病，不喜欢家人在旁边照料唠叨，王朝聘就悄悄藏在旁边，看到父亲有需要，不等召唤，就及时过去。母亲范太君有寒咳之疾，他为母亲按摩，拿痰盂接涕唾，三十年如一日。母亲临终之际，王朝聘在衡山教授学生，报信之人赶到之时已是傍晚时分。他不顾天黑，一边哭，一边骑马，半夜时分回到家为母亲送终。王朝聘的孝顺深深影响了儿子王夫之。张献忠攻陷衡阳，抓住了王朝聘，想以他为人质逼迫王介之和王夫之来为自己效力。王朝聘为了保护儿子，准备自杀。王夫之听说父亲被抓，自毁肢体，让人将自己抬到张献忠部下的跟前，赎回了父亲，最后他在朋友的搭救下脱险。他在《示侄我文》中告诫侄儿，“孝”是万字之本，希望侄儿把“孝”作为道德的根本加以培养。

曾国藩一生推崇孝悌友爱。在曾国藩看来，孝顺父母、关爱父母是首要之事。对父母的孝顺和关爱应当永恒持久，不因时间流逝而改变。道光二十九年（1849），曾国藩得知祖父病重，时日无多，自己却因公务繁忙未能回家探望，内心深感愧疚。他在给弟弟们的信中写道：“各位弟弟自小耳濡目染父亲和叔父们的至孝行为，现在能够尽心竭力地孝顺父母，这是我家第一等的好事。我却在京城寓所过得安安稳稳，不能尽半点孙子的职责。我的妻子和儿子也都安享美好的生活，不能为父母分担一丝一毫。每次想到这一点，我就羞愧万分。”在一千多封家书中，凡是写给父母的，曾国藩都毕恭毕敬地写上“男国藩跪禀父亲母亲万福金安”，虽然只是一种书信敬语，但却能以小见大，足以看出曾国藩真挚、恳切的孝心。

孝顺父母是最大的德行。孝是为人之本！由此形成的孝道文化是中国传统文化中非常重要的价值观念，也是我们践行优良家训文化，形成良好家风的精神养分。

周敦颐：先公加赠官诰，家门幸事

——《与仲章侄[1]手帖》

仲章：

夏热，计新妇男女安健[2]。我此中与叔母、季老、通老、韩姐、善善以下并安。

近递中得先公加赠官诰[3]，赠谏议大夫，家门幸事。汝备酒果香茶诣坟前告闻先公谏议也。未相见，千万好将息，不具。

译文

仲章：

夏天天气炎热，想来新妇、儿女都平安健康吧。我这里和叔母、季老、通老、韩姐、善善以及以下亲属一并平安。

最近从公文中得知先父加赠官诰，追赠谏议大夫，这实在是家里值得庆幸的事情。你备办酒食、水果、香茶，到坟前告诉先公。没有见面的时候千万要好好休息，不一一详说。

[1] 仲章侄：周敦颐长兄的儿子。

[2] 安健：平安健康。

[3] 官诰（gào）：皇帝赐爵或授官的诏令。

王夫之："孝"为万字之本

——《示侄我文》

古人云，读书须要识字。一字为万字之本，识得此字，六经总括在内。一字者何？"孝"是也。如木有根，万紫千红，迎风笑日；骀荡[1]春光，累垂秋实，都从此发去。怡情下气[2]，培植德本[3]，愿吾宗英[4]勉之。

译文

古人说，读书必须要认识字。有一字为万字的根本，认识这个字，六经都能包括在内。这个字是什么字呢？是"孝"字。就像树木有根，绚丽盛开的花朵，沐浴着阳光和微风。在春风里舒缓荡漾，在秋天里果实累累，都是从此生发而出的。陶冶性情，平心静气，把"孝"作为道德的根本加以培养，希望我们家族中杰出之人能够以此勉励自己。

[1] 骀（dài）荡：舒缓荡漾。形容声调、景色或心情。

[2] 下气：谓态度恭顺，平心静气。

[3] 德本：道德的根本。古代以"孝"为德本。

[4] 宗英：古时对同一家族中才能杰出之人的美称。

曾国藩：嘱弟处理母亲失眠之事

——《禀父母》

男国藩跪禀父母亲大人万福金安：

十二月初五接到家中十一月初旬所发家信，具悉一切。男等在京身体平安。男癣疾已全愈，六弟体气如常，纪泽兄妹五人皆好，男妇怀喜平安，不服药。同乡各家亦皆无恙。

陈本七先生来京，男自有处置之法，大人尽可放心。大约款待从厚，而打发从薄。男光景颇窘，渠来亦必自悔。

九弟信言母亲常睡不着，男妇亦患此病，用熟地、当归蒸母鸡食之，大有效验。九弟可常办与母亲吃。乡间鸡肉、猪肉最为养人，若常用黄芪、当归等类蒸之，略带药性而无药气，堂上五位老人食之，甚有益也。望诸弟时时留心办之。

译文

儿子国藩跪禀父母亲大人万福金安：

十二月初五日收到家中十一月上旬寄来的书信，从信中了解了一切。我和家人在京城身体健康，一切都好。我的癣疾已经痊愈，六弟的身体、气色也正常了，纪泽兄妹五人都很好，我媳妇有孕，身体安好，不用吃药。同乡的各家也都没有疾病灾祸等可忧之事。

陈本七先生来京城，我自有处理安置的办法，父母亲大人尽可以放心。大约款待从厚，打发从薄。我的情况十分窘迫，他来了也一定会后悔。

九弟来信说母亲经常睡不着，我媳妇也有这个毛病，用熟地、当归蒸母鸡食用，很有效果。九弟可以经常这么做给母亲吃。乡下的鸡肉、猪肉最为养人，如果经常用黄芪、当归等一起蒸，稍微带点药性，却没有药气，堂上五位老人吃了，大有好处。希望弟弟们时时用心处理。

胡林翼：深悔未报罔极恩

——《致枫弟等》

嗟呼！阿兄已成为无父之人矣。罔极之恩，未获稍报，父亲竟抛兄以去。嗟乎！使非兄之不德，则以父亲之仁慈长厚，宜克享夫耄耋[1]，彼苍何竟迅夺以去耶！嗟乎！阿兄不孝之罪，不能见容于人，复何颜以再生于世耶？父亲之病，原非不可医治者，乃一再迁延，致坐误时机，欲医无及。嗟乎！使非阿兄之荒谬，又何至于此耶！

现在灵榇[2]暂停京寓。昨日母亲曾语兄，拟此间事略摒挡[3]，即当扶柩回益，最早当在秋杪，至迟不出十月底。水路似觉陆为便，但心绪如麻，尚未决然以定也。前日庶母分娩，又举一妹。哀痛之余，敢不善为抚视[4]！俾父亲在天之灵得稍慰藉也。余不一一，伏维珍摄咸宜。

---

[1] 耄（mào）耋（dié）：指老年、高龄。耄，八九十岁。耋，七十岁。

[2] 灵榇（chèn）：灵柩。榇，棺材。

[3] 摒挡：收拾，料理。

[4] 抚视：抚养照看。

译文

唉！哥哥已经是没有父亲的人了。无尽的养育之恩，还没有得到一点点回报，父亲竟然就抛弃我离开了。唉！若不是我没有德行，以父亲的仁慈忠厚，应该能享受耄耋之寿，上天为何这么快就夺去了父亲的性命呢？唉！哥哥不孝的罪过不能被人宽容接纳，又有什么颜面再活在这世上呢？父亲的病，原本并不是不可医治的，而是一再地拖延，导致错过了时机，想去医治的时候却再也治不好了。唉！倘若不是我的荒谬，又何至于此呢！

如今父亲的棺材暂时停放在京城寓所。昨天母亲曾和我说，计划先把这边的事情稍稍处理一下，即当带着父亲的棺材回到益阳，最早应该在秋末时候回来，最晚也不超出十月底。水路较之陆路似乎更为方便，但因我心绪如麻，目前还没有决定回家的方式。前不久庶母生产，又生了一个小妹。哀痛之余，怎敢不好好抚养照看小妹！这也能让父亲的在天之灵得到一点慰藉。其余的事情，我就不再一一说了，希望你们都能保重身体。

彭玉麟：母病弃文字，归家奉侍

——《禀母》

读书衡山，闻堂上有小极[1]，门无童侍，怅吾归心，乃来谕阻男上道，讳莫如深，难道五舅来书诳我耶？男意将弃文字，

[1] 小极：困倦。

奉侍左右。况今岁试因事将延缓，谅科场之取黜[1]，不足挽乌鸟[2]之私情，即归亦何尝不可向学哉？十月二十日左右，蒋弢（tāo）厂将返棹（zhào）衡阳，已求附舟同行。弢厂长者，且经济文章为世所尊崇，归途杳远，旅次可以免岑寂，而得观摩之益者矣。大人闻之，必为欣慰，恐劳倚闾[3]之望。特此先禀。

译文

我在衡山读书时，听说母亲生了病，家无小童侍奉，我心里不痛快，起了回家照顾母亲的心思。家里来信不让我归家，把事情瞒得很严密，难道五舅写信来是骗我的吗？我想要放弃学业侍奉母亲左右。何况如今岁考因为别的事情将被推迟，考虑到科举考场上的录取与否，不足以和我奉养母亲的孝心相提并论，即便我回家了又何尝不能在家学习呢？十月二十日左右，蒋弢厂将要乘船回衡阳，我已经请求搭他的船一同回来。弢厂是有德行的人，且其经世济用的文章被世人尊重推崇。回家的路途遥远，（和弢厂同行）旅途中可以避免寂寞，还能向他学习，受益多多。母亲大人听说后一定会感到欣慰，担心您会焦急地等待我回来，于是特意在这里先行禀告。

[1] 取黜：录取或黜落。
[2] 乌鸟：古称乌鸟反哺，因以喻孝养父母之人子。
[3] 倚闾：形容父母盼望子女归来的殷切心情。闾，古代里巷的门。

益阳习氏家训：父母宜孝也

父母宜孝也。乌鸟有反哺之仁，豺獭（tǎ）有报本[1]之义，人不生于空桑[2]而忘亲，可乎？鼎食[3]备三牲[4]之供，负米[5]劳百里之养，孝无贫富也。从令而承亲之欢，几（jī）谏而谕亲于道，孝无常变也。至于守身为大，则《礼》曰："一举足而不敢忘父母，一出言而不敢忘父母。"愿与族中人共勉之。

译文

应当孝敬父母。乌鸦有衔食哺育其母的仁义之行，豺和獭有报答恩情的道义之举，人非生于空心的桑树之中，忘记父母的恩情，这样做可以吗？富贵人家准备牛、羊、猪等食物来祭奠父母，贫苦人家背米孝养父母，孝心无贫富之分。听从命令，尊重父母的意愿，让他们高兴满意。父母有不对的地方，委婉而和气地规劝，向他们说明道理。孝行的内涵是固定的。坚持操守名节，也是对父母最大的爱，《礼记》说："每次行动都不敢忘记父母，每一次说话都惦念着父母。"希望能和族人共勉。

---

[1] 报本：指报答恩惠。

[2] 空桑：空心桑树。《吕氏春秋·本味》："有侁氏女子采桑，得婴儿于空桑之中，献之其君。"后指非父母所生，来历不明者。

[3] 鼎食：指列鼎而食，吃饭时排列很多鼎。形容富贵人家豪华奢侈的生活。

[4] 三牲：古代指用于祭祀的牛、羊、猪。后亦以鸡、鱼、猪为"三牲"。

[5] 负米：背米。后用作孝养父母的故实。

宁乡马氏家训：孝者，百行之首也

孝者，百行[1]之首也。父母之德，何云昊天罔极[2]？以一生之心思智虑，无非为子计耳。积金欲其富也，送读欲其贵也，完娶欲昌其后也。子而贤肖，则喜不自胜；子而顽钝，则忧从中来；子而勤劳，则悯惜不已；子而远游，则思念不忘；子有疾病，则忧形于色；子有善行，则情见于词。人有贵贱，爱子之心，贵贱皆切也；人有贤否，爱子之心，贤否皆真也。子其可不孝乎？愚人自各爨[3]后，见妻子或形亲神洽，见父母或意隔情暌（kuí），真禽兽不若矣。古之孝子，至爱至敬。饮食衣服，必如其意。言语色笑，必适其情。昏必定，务其亲之安也；晨必省，恐其亲之不安也。冬寒则必有以温之，夏热则必有以凉之，丧必致其哀，祭必致其敬。非敢云报也，必如是而子心乃安耳。

译文

孝顺排在各种道德品行的第一位。为什么说父母的恩德比苍天还要寥廓？因为父母一生竭尽全力，不过是在为子女的未来谋划罢了。积累财富是想让子女变得富裕，送子女读书是想让子女成才，让子女婚娶是想要他们多子多福。如果子女贤良聪慧，父母就会开心不已；如果子女顽劣愚笨，父母就会内

[1] 百行：指各种品德、行为。

[2] 昊天罔极：形容恩情深厚广大，无法报答。

[3] 爨（cuàn）：指烧火做饭。

心担忧；如果子女勤劳，父母就会怜惜心疼；如果子女去远方游历，父母就会心里挂念；如果子女生病了，父母就会担忧万分；如果子女有善良的行为，父母就会赞美夸耀。人有贫穷富贵的区别，但爱子女的心，无论贫穷还是富贵都十分真切；人有贤良与否的区别，但爱子女的心，无论贤良与否都十分诚恳。子女怎么能不孝顺父母呢？愚笨的人分居生活，见到妻儿就表现得亲近喜悦，见到父母就表现得隔阂疏离，这当真是禽兽不如。古代的孝子，对待父母是十分尊敬爱戴的。吃的穿的一定合乎父母的心意。表情和话语一定会考虑到父母的情绪。晚上回来一定要向父母道晚安，让父母心安；早上起来一定要看望父母，生怕父母担忧。冬季寒冷时，孝子必定想办法为父母驱寒。夏季炎热时，孝子必定想办法来帮父母解暑。父母逝世时，孝子必定会表达他们的哀伤。祭奠父母时，孝子必定会表达他们的尊敬。不敢说是回报，只有这样做孝子才会心安罢了。

湘乡易氏家训：人生百行，孝道为原

人生百行，孝道为原。乾父坤母，体重地天。生有自来，务本溯源。鞠育[1]顾复[2]，恩莫大焉。服劳奉养，承在意先。

[1] 鞠（jū）育：养育，抚养。

[2] 顾复：多用以形容父母对子女的慈爱。顾，回视。复，反复回视。

温凊[1]定省，经训明言。生事[2]葬丧，礼所当虔。伦常乖舛，余何观焉。

人之生也，受气于父，成形于母，身体发肤无非父母之遗。而幼而提携顾复，跬步[3]不离，推干就湿[4]，寝食俱废。长而教读婚娶，谋生计，护疾恙，勤劳恩爱，备至周详。《诗》曰：“欲报之德，昊天罔极。”诚哉是言也。为人子者，当思身从何来，吾身者即父母之身也。凡声色、货利、妻子、仕宦，皆身外物耳。使无父母，身尚不有，何有于身外之物哉？昔贤曰：“孝弟也者，其为仁之本与。”本实先拨，外此无足观矣。我易氏孝友传家，伦常笃厚，如巨粟呈祥，玉芝献瑞，苗竺传代父之劳，株山纪负姑之义，以及内美公之纯孝，公申公之世孝，凤冈公之孝友，祖泽辉煌，昭昭在人耳目。凡我族众务必克绍[5]前徽，而世济其美，是所厚望。

译文

人的各种品行中，孝是本原。父亲像天，母亲像地，我们与父母的关系亲密。人之生是有来历的，必须致力于探究根本

[1] 温凊（qìng）：“冬温夏凊”的略语。古代子女奉养父母之道。温，温被使暖。凊，扇席使凉。

[2] 生事：古代始丧之礼。谓始死时以生人之礼事奉死者。

[3] 跬（kuǐ）步：半步，跨一脚。古时称人行走，举足一次为跬，举足两次为步，故半步叫“跬”。

[4] 推干就湿：指把床上干燥处让给幼儿，自己睡在幼儿尿湿之处。极言抚育幼儿的辛劳。

[5] 绍：继承。

与来源。回顾过往，父母的养育之恩如此深重。服侍供养父母，未等父母开口已先将他们想到的事情办好。冬天让父母温暖，夏天让父母凉爽，早晚向父母问安，经书训言已经明确讲过。生事丧葬应该虔诚地遵循礼数。如果伦常大道都能违背，这个人还有什么可取之处？

人的出生，父亲给予精气，母亲给予血肉，身体的全部都来自父母的赠予。你年幼的时候，父母反复照顾，半步不离地陪伴，让你睡在干燥的地方而自己睡在尿湿的地方，没时间休息和吃饭。等你长大一些，父母教你读书识字，帮你娶亲，为你谋求生计，护理疾病，父母勤劳仁爱，把你照顾得很好。《诗经》说：“想要报答父母的恩德，但父母的恩德是寥廓苍天都不能匹及的。”这话确实没错。为人子女，应当思考身体从何而来，自己的身体就是父母的身体。凡声色、货利、妻子、仕宦，这些都是身外之物。假使没有父母，身体都没有了，何来身外之物？先贤曾说：“孝悌是仁爱的根本。”如果连根本都没有守住，其余的不值一谈。我易氏一族以“孝友”传家，十分注重伦理道德，就像硕大的栗预示丰收，玉芝会带来好运一样。苗竺传扬父亲的德行，株山不忘母亲的情谊。内美公孝顺父母，公申公友善待人，凤冈公友爱兄弟，祖宗德泽光辉灿烂，为人们所熟知。我易氏家族族人务必继承前人的美好德行，并且将它们发扬光大，这是我对你们的殷切期望。

双峰匡氏家训：孝弟乃生人之本

昔子舆氏[1]云："孩提之童，无不知爱其亲。及其长也，无不知敬其兄。"是爱敬之良，人性所同具也。无如人为气禀[2]所拘，习俗所染，把本来真心丧失，竟成不孝不弟之人。即有时爱敬之良偶发，又不能就此而推广之，使念念如此，事事如此。呜呼，以极重极大之事，反渐流于浮薄，宁不大可哀乎！故吾族子弟，或士、或农、或工、或商，于"孝弟"二字，必须朝夕督令，着意敦行[3]。由一念积而至于念念，由一事积而至于事事。勿尚虚文，勿略细行，勿沽名[4]而钓誉，勿始勤而终倦。盖人能为孝子，然后能为悌弟。能为孝子悌弟，然后犯乱俱泯。是孝弟乃生人之本，百行之原，乌可视为泛常也？第孝有孝中节目[5]，弟有弟中节目，如昏定晨省，言语必顺，容貌必恭，衣食必丰，死丧必哀，这是孝中节目。如偶坐[6]随行，饮食先让，财产退后，勿听妻孥[7]而成嫌隙，勿因小忿而离骨肉，这是弟中节目。若能一一遵行，始难勉强行之，既久终成自然，家庭中纯是一团太和气象，而兴家发业，又不足言矣。

[1] 子舆氏：指孟子。子舆是孟子的字。
[2] 气禀（bǐng）：指人生来对气的禀受。
[3] 敦行：勉力去做。
[4] 沽名：赚取名誉。
[5] 节目：条目，项目。
[6] 偶坐：陪坐。
[7] 妻孥（nú）：指妻子和儿女。

译文

孟子曾说："一个人还是儿童时，就知道孝顺自己的父母。等到他长大后，就知道敬爱自己的兄长。"孝顺父母、敬爱兄长是人人都应该具有的优秀品行。无奈人生来被气禀拘束，为习俗污染，丧失原本的赤诚之心，竟然成为一个不孝不悌的人。即使偶尔萌发敬爱之善心，又因为自己不能将这一念善心一直延续下去，使得每一个念头，每一件事都能如此。唉，十分重要的事情沦为无足轻重的小事，这样怎么会不让人痛惜啊！因此，本族的年轻后辈，不管是入朝为官，还是躬耕农田，或是精于手工，又或者是精心商贸，都要时刻用"孝悌"来监督自身的言行举止，将"孝悌"的含义贯彻于心并且身体力行。从一念善心发展到念念保持善心，从一件好事发展到处处都做好事。不要只说空话，不要忽略小节，不要沽名钓誉，不要一开始勤奋最终却懈怠了。一个人能成为孝子，才能敬爱兄长，能做到孝顺父母，敬爱兄长，违法乱纪才会消失。孝悌是做人的准则，是各种品行的根本，怎么可以把它看作一般的道德品格呢？而且孝顺父母有具体的表现，敬爱兄长也有具体的表现。比如早晚给父母请安，和父母说话语气必定和顺，在父母面前容貌必定恭敬，为父母提供衣食必定丰足，父母去世必定哀痛，这些是孝顺父母的表现。比如和兄长坐在一起时选择陪坐的位置，和兄长一道行走时走在后面，吃饭时请兄长先吃，分财产时自己让步，不听信妻子儿女的话而与兄长产生隔阂，不会因为一些不愉快的小事就与兄长疏离，这些就是敬爱兄长的表现。如果能一一践行，虽然在最开始会很艰难，但是日积月累后就会形成习惯，家庭中全是和气温馨的气象，至于家族兴旺、事业发达，则是不必说了。

衡阳、邵阳、祁阳宁氏家训：为子者，当思所以克尽子道

《诗经》上说“欲报之德，昊天罔极”，盖言亲恩浩大，人子报答不尽也。奈何古人防了难报，今人忘欲不报，诚可叹息。吾愿吾族之为子者，当思所以克尽子道。子道如何能尽？定省[1]旷、奉养缺，有事不能代劳，俱不是孝。必须早夜亲近，打点扶事，出必告，反必面，饥进食，寒进衣，疾病进汤药，父母做不得的替他做，去不得的替他去。这等以身事父母，又怕不体亲之心，也不是孝。必重自己的身子，莫惹出疾病，以遗父母之忧。畏朝廷的法度，莫弄出是非，忘其身以及其亲。发愤去做人，不致流落下贱，以慰父母之心。这等以心事父母，又怕不能谕亲之道，也不是大孝。更须于父母有过，为之讥谏，见志不从，又敬不违，劳而不怨，这等成就父母之德，如此尽道，虽是好处，假若忖量可尽才尽，不可尽则不尽，也不是孝道，须委曲求尽。不但居富贵才尽，就是居贫贱也要尽父母心。愿为子者勉焉。

[1] 定省（xǐng）：“昏定晨省”的略语。谓晚间服侍就寝，早上省视问候。旧时人子侍奉父母的日常礼节。

译文

《诗经》上说“想要报答父母的恩德，但父母的恩德是廖廓苍天都不能匹及的”，这是在说父母对我们有巨大的恩情，我们是报答不完的。古人崇尚报恩，可现在的人却想忘恩不报，实在是令人叹息。我希望家族里身为儿子的人，能够思考怎么全力履行身为儿子的义务。怎样才算全力履行身为儿子的义务呢？不早晚向父母问安，不赡养父母，父母有事时不能代为安排，这些都是不孝。必须早晚都陪伴在父母身边，打点帮扶，外出时必定告知父母，归家时必定看望父母，父母饿了就送上食物，父母感到冷就送上衣物，父母生病了就为他们送汤药，父母完成不了的事就帮他们完成，父母去不了的地方就替他们前往。这样以身侍奉父母，又担心不能体察父母之心，也不是尽孝。一定要注意保养自己的身体，不要沾染疾病，让父母担忧。应该严格遵守朝廷的法律，不要惹出是非，忘了自己和父母。应该勤奋向上，努力不让自己成为品行卑劣的人，以抚慰父母的心。这种用心侍奉父母，又怕不能理解父母之心，也不是大孝。当父母行为不正确时，儿子多次进行劝谏，但看到父母不愿听从自己的意见，便因敬畏父母而不敢违背父母的想法，这样为父母操劳却不埋怨，来成全父母的道德，来尽孝，虽然本意是好的，假如思量可以成功才表达意见，不能成功就闭口不言，也不是真正的孝，应该曲意迁就去说服父母。不只是富贵才尽心孝顺父母，贫寒也应该尽力孝敬父母。希望能和家族中做儿子的人相互勉励。

湘阴任氏家训：父母之恩，昊天罔极

父母之恩，昊天罔极，大孝[1]不匮，人所最难，而用力用劳，亦可随分自尽。为人子者，家苟丰裕，虽甘旨[2]可供，尤当积爱积敬，愉色婉容，以尽吾顺事之礼。家即贫寒，而菽水[3]以奉，亦当先意承颜，不违亲志，务有以得其欢心。夫立身行道，显亲扬名，孝也。否则竭力耕田，牵车服贾，供为子职，亦无愧为孝子。每见人家兄弟，养亲必均日，葬亲必均费，是视父母犹公器[4]，不孝莫大焉。至若在家则忤逆以伤父母，在外则好勇斗很以危父母，甚或私其妻子，不顾父母之养，乃如之人，是天理王法所不能容也。凡为子者其戒之。

译文

父母的恩情，即使是寥廓的苍天也无法匹及。让四海之内丰衣足食，人民各自安守本分地礼敬、祭祀父母，这是最难的。在服侍父母时，可以根据自己的实际情况来做到最好。身为儿子，如果家底富裕，除了用丰盛的食物来孝敬父母，更应该极尽对父母保持尊敬和爱戴，对父母和颜悦色，来尽我们应尽的孝道。即使家境贫穷，用寻常食物来孝敬父母，也应该事先揣

---

[1] 大孝：指广施德教，使四海之内丰衣足食，人民各自安守本分地礼敬、祭祀父母。“孝有三：小孝用力，中孝用劳，大孝不匮。”

[2] 甘旨：指美好的食品。

[3] 菽（shū）水：豆和水。泛指最平凡的食品。常用作孝养父母之称。

[4] 公器：指共用之器。

摩父母的想法然后顺从，不违背父母的意愿，以求其开心。修养自身、奉行道义，从而让双亲显耀、名声传扬，这是孝。如果不是这样，尽心耕种、努力持家，让父母用好穿好，以履行身为儿子的职责，这样也是孝。每次见到别人兄弟，总是平分服侍父母的时间，平摊父母的丧葬费用，这是在把父母当作共同使用的器物，是极大的不孝。至于在家则违背顶撞父母使其伤心，在外则逞勇好斗让父母担忧，甚至偏心自己的妻儿，不惦念父母的养育恩情，这样的人当为世俗、法律所不容。所有做儿子的人都要以此为戒。

（三）兄弟：兄友弟悌，分形连气

《诗经·小雅·常棣》曰："常棣之华，鄂不韡（wěi）韡。凡今之人，莫如兄弟。"兄长和弟弟是形体分别，气息相连的人。兄长关爱弟弟称"友"，弟弟敬重兄长称"悌"。兄友弟悌是家庭稳定与发展的前提和基础。兄弟关系无论在家庭还是社会上都占据着重要地位。兄弟情深，团结友善，互帮互助，是中华民族的传统美德。

"凡今之人，莫如兄弟。"中国传统家庭伦理文化重视兄友弟悌的人伦规范。邗江王氏家族历来重视兄弟关系。王夫之的父辈兄弟情深。王朝聘和弟弟王廷聘一起到武昌参加乡试，王朝聘在途中突发疾病，为了照顾兄长，王廷聘辞别同伴，放弃考试，租了小船带着哥哥回家。他不顾船上暑热蒸熏，悉心照顾哥哥，五天五夜都没有休息。他感慨地说："虽然放弃了乡试，但是父母俱存，兄弟无故，功名只不过是眼前飘过的云烟罢了。"王夫之兄弟三人也友爱和睦，王介之作为大哥，对两个弟弟非常关爱。王介之为二弟王参之辅导功课，王参之生病后，他细心为其调养护理。王夫之年轻时候嬉戏游乐，没有节制，幸有大哥进行管教约束。王夫之也教育儿子王攽和王敔要兄弟和睦。王攽（bān）、王敔（yǔ）产生隔阂，王夫之写信给王攽说："你们兄弟二人，就像我的两只脚一样，虽然左右相异，却相辅相成……不要因为兄弟的一句话不和睦，一次脸色不好，就藏在心里。请你们低头好好想想。”

曾国藩一生推崇孝悌友爱的美德，他坚信兄弟友爱是维系家庭团结和稳定的至关重要的因素。作为曾氏家族的长子，他对诸弟弟的教导和关心几乎到了无时无刻不忘的境地。曾国藩对弟弟们的友爱，表现在不但直接指导弟弟们的学习，在职场上引导弟弟们，在生活中关心弟弟们，而且还对自己的不足进行反省。他常常在家书中征询父母和弟弟们的意见，以改正自己的过失。他躬身自省教导弟弟千言而弟弟却不听劝告，总结其中原因是自己对弟弟不够友爱，没有修养好的德行好好引导他们。他还敦劝儿子曾纪泽和曾纪鸿，兄弟之间要心中常存休戚一体之念，不能彼此怀有歧视之见。即使是在临终之际，他仍不忘嘱咐儿子在自己死后要视两叔如父，视叔母如母，视堂兄弟如手足。他告诫儿子平时自己的生活要节省，但是对待叔叔们要处处厚待不吝啬，对堂兄弟要以德业相劝，有了过错要相互指正，以期都能有所成就。

“半生父母恩，一世手足情。”兄弟情谊如同一幅美丽的风景画，温馨而珍贵。兄弟关系是血浓于水的，是生命中最初的纽带。兄友弟悌，不仅有益于家庭和谐，更能让生命之树茁壮成长。在人生的旅途中，我们常常会遭遇坎坷，面对风雨，此时，手足兄弟是我们最坚实的依靠。我们应当珍惜铭记兄弟情谊，使其成为我们生命中永不褪色的风景。

王夫之：兄弟如两足，左右异向，正以相成

——《己巳九月书授攽》

汝兄弟二人[1]，正如我两足，虽左右异向，正以相成[2]而不相盭[3]戾。况本可无争，但以一往之气，遂各挟所怀，相为疑忌。先人孝友之风坠[4]，则家必不长。天下人无限，逆者顺者，且付之无可如何，而徒于兄弟一言不平[5]，一色[6]不令[7]，必藏之宿之乎？试俯首思之。

译文

你们兄弟二人，就好像我的两只脚，虽然左右方向不同，正好互为补充而不相冲突。况且你们之间，本来没有什么可以起争端，但是因为以前的矛盾，于是各怀心思，相互怀疑猜忌。祖先孝顺友爱的风气丧失，那么家族一定不能长远发展。天下的人那么多，不顺从的、顺从的，都只能抱着无可奈何的态度，却因为兄弟一句话没有说好，一个脸色让人不痛快，就一定要藏在心里、留在心里吗？请你们埋头好好想想。

[1] 汝兄弟二人：指王夫之的儿子王攽和王敔。
[2] 相成：相互补充，相互成全。
[3] 盭（lì）：通“戾”，凶狠，暴戾。
[4] 坠：丧失，败坏。
[5] 不平：不和，不睦。
[6] 色：脸色。
[7] 令：善，美好。

胡达源：兄弟当有手足之爱

——《弟子箴言·笃伦纪》

曰兄弟，天伦之序也，有埙篪[1]之应焉，有手足之爱焉；曰长幼，年齿之序也，有雁行之节焉，有肩随[2]之礼焉。亲疏自有差等，而恭敬可以类推。

曾祖映塘公性行敦笃，人无间言，诱掖后进，孳孳不倦。每日将孝子悌弟，嘉言善行，以素纸楷书，计五百字为准，分给子弟，使知观感，盖数十年未尝以寒暑辍也。里中有某姓者，少无状[3]，因公教督，遂为孝友。属纩[4]之日，指床头一箧曰："吾非此，不有今日。"启视，则皆公所书嘉言善行也，其子孙至今宝之。

汉薛包，弟子求分财异居，包不能止，乃中分其财。奴婢引其老者，曰："与我共事久，若不能使也。"田庐取其荒顿[5]者，曰："吾少时所理，意所恋也。"器物取其朽败者，曰："我素所服食，身口所安也。"弟子或破其产，辄复赈给。吾每称薛包友爱推让，分财者未尝不为之感动，且有能赈其兄

---

[1] 埙（xūn）篪（chí）：比喻兄弟亲密和睦。埙、篪为两种乐器名。埙，陶制。篪，竹制。两种乐器合奏，声音和谐。

[2] 肩随：古时年幼者事年长者之礼，并行时斜出其左右而稍后。

[3] 无状：没有礼貌。

[4] 属纩（kuàng）：用新绵置临死的人鼻前，验其是否断气。后因以为疾病临危的代称。

[5] 荒顿：荒废。

弟之贫乏者。顾考薛包被逐于父母，日夜号泣不忍去，不得已庐于舍外，又庐于里门，然且晨昏不废，父母惭而还之，可谓孝矣，未有孝而不友者也。

译文

兄弟，是自然伦常关系的次序，亲密和睦，情同手足；长幼，是年龄大小的次序，有群雁飞行时行列整齐那样的礼仪，有年幼者事年长者那样的礼节。亲近和疏远自有区别，但是对兄长的恭敬有礼可以照此类推。

曾祖父映塘公本性和行为敦厚笃实，人们没有非议之言，他不知疲倦地引导扶植学识和资历较浅的人。每天都把尽心奉养父母之子女和敬爱兄长之弟弟的美善言行用楷体写在白纸上，每写满五百字就分给子侄辈的人，让他们了解、观摩和感悟，几十年来都没有因为天气严寒或酷热而停止。里巷有某姓的人，年少时行为失检，没有礼貌，因映塘公的教导督促，成为一个事父母孝顺、对兄弟友爱的人。他临终之际，指着床头的一个小箱子说："我如果不是因为这个，不会有今天。"（家人）打开一看，小箱子里都是映塘公写着美善言行的纸张，他的子孙到现在都很珍视它们。

汉代的薛包，弟弟请求分钱分家，他劝阻不了，只好把家产均分。薛包选择仆人时挑选年龄大的，说："他们和我一同做事已经很久了，你恐怕使唤不便。"田地选择荒芜的，房屋选择破旧的，说："这些都是我小时候打理过的，我心里不舍。"日用器具选了破旧的，说："我从前用惯了、吃惯了，我的身体和嘴巴是会很安然的了。”弟弟有时候花光了财产，薛包就去救济补助。我每次都赞扬薛包友爱谦让，要分财分家的人没有不被他感动的，况且他还能在兄弟贫困的时候去救济帮助。回顾之前薛包被父母驱逐，日日夜夜哀号哭泣，不忍心离开，无奈之下，只好寄居屋外，又寄居里门，早晨和傍晚仍旧到父母面前来请安，父母感到惭愧，就让他回来了。薛包的行为可以称得上孝顺，没有对父母孝顺却不对兄长友爱的人。

曾国藩：切实讲求“孝友”二字

——《谕纪泽纪鸿》

吾早岁久宦京师，于孝养之道多疏，后来展转兵间，多获诸弟之助，而吾毫无裨益[1]于诸弟。余兄弟姊妹各家，均有田宅之安，大抵皆九弟扶助之力。我身殁之后，尔等事两叔如父，事叔母如母，视堂兄弟如手足。凡事皆从省啬[2]，独待诸叔之家则处处从厚，待堂兄弟以德业[3]相劝、过失相规，期于彼此有成，为第一要义。其次则亲之欲其贵，爱之欲其富，常常以吉祥善事代诸昆季[4]默为祷祝，自当神人共钦。温甫、季洪两弟之死，余内省觉有惭德[5]。澄侯、沅甫两弟渐老，余此生不

[1] 裨益：使得益。

[2] 省啬：爱惜。引申为节俭、节约。

[3] 德业：品德学业。

[4] 昆季：兄弟。昆指哥哥，季指兄弟姐妹的排行中第四或最小的。

[5] 惭德：因德行的缺失而惭愧。

审能否相见。尔辈若能从“孝友”二字切实讲求，亦足为我弥缝缺憾耳。

译文

我早年长期在京城为官，在奉养孝敬方面多有疏略，后来四处带兵打仗，多获诸位弟弟的帮助，而我却没有一点好处给几位弟弟。我的兄弟姐妹各家都有田地和房屋，大多都是九弟尽力帮助的结果。我死了以后，你们侍奉两位叔父要如同侍奉父亲一样，侍奉叔母要如同侍奉母亲一样，对待堂兄弟要如同同胞兄弟一样。凡事都要力求节俭，唯独对几位叔叔家要处处优厚，对待堂兄弟一定要以品德、学业相互勉励，对其缺点、错误要直言规劝，将彼此都有所成就作为最重要的事情。其次是亲近他们就要希望他们地位高，怜爱他们就要希望他们生活富裕，常常做吉祥善事为他们在神灵面前默默祈祷，这样人神都会钦服。温甫和季洪两位弟弟的离世，我内心有愧。澄侯和沅甫两位弟弟日渐衰老，我这辈子不知道还能不能和他们再相见。你们如果能够从“孝友”两字上切实讲求，也就可以为我在这方面弥补一些缺憾了！

彭玉麟：家庭骨肉之亲，乐逾南面[1]

——《致弟》

家庭骨肉之亲，乐逾南面。吾弟兄性格相近，亲爱亦逾常人，欢欣和畅，事事如阳春景象。乃不料小弟兄辈，动生嫌畔[2]，此实荣儿性气桀傲，度量不闳，辞意凌人，有以致之。吾愧教导无方，末由洗厥兽心。自前年来，我喜钊侄之进德修业，可以光大门楣，为祖宗争气。其言论风旨，洞达时势，综括机要，非徒于家务井然，若有条之不紊，尊亲而惠下，也具有实践功夫。以后与荣儿可以远避，枭獍[3]实不足化耳。能可无躁无矜，互求和睦亦佳。嗣后荣儿将不令出仕，恐其无善终。弟家子媳，幸不趋奢华。吾尝作数语以勖后辈曰：出门莫坐轿，居家勤洒扫。诸女学洗衣，早晚学烹调。老逸而少劳，事理多明晓。少甘而老苦，此事颠倒了。词虽粗陋肤浅，能照此做去，也可成孝子贤媳，把持门户。

译文

家庭骨肉之亲的快乐超过了做皇帝。我们兄弟之间性格相近，亲密友爱更是超过了平常的人，欢喜舒畅，和和睦睦，事

[1] 南面：古代以坐北朝南为尊位。帝王之位面朝南，故称居帝位为“南面”。

[2] 嫌畔：嫌忌和背离。

[3] 枭獍（jìng）：比喻狠戾忘恩之人。枭，相传是食母的恶鸟。獍，食父的恶兽。

事都像温暖的春天景象那样让人欣喜。但是没有料想到小辈之间动不动就闹矛盾，这确实是因为荣儿性情强横乖戾，度量不够大，言辞盛气凌人造成的。我很惭愧自己教导无方，没有去除他坏的居心。从前年以来，我对钊侄提高道德修养，修营功业感到欣喜，我认为他可以光大门楣，为祖宗争气。他的言论意旨，洞察时势，总括要点。他不仅把家庭事务处理得井然有序，有条不紊；在尊敬父母，惠及晚辈方面，也有切合实际的方法。以后看见荣儿可以远远地避开，他狠戾忘恩的性格实在是不能够改变。能够不急躁不自夸，相处和睦就更好。我以后也不会让荣儿做官，担心他没有好的结局。弟弟家的儿子儿媳，幸好都不追求奢侈浮华的生活。我曾经写了几句话来勉励晚辈们：出门不要坐轿子，在家要勤快打扫。女孩子要学习洗衣服，早上和晚上要学习做饭。年轻的时候多加劳作，年老了就要过得安逸，一定要明白事理。年轻的时候享乐，年老的时候吃苦，这就本末倒置了。这几句话虽然粗糙浅显，能够照着所说的去做，也可以成为孝顺的儿子和贤惠的媳妇，掌管好家庭。

谭嗣同[1]：兄弟凋零若是，能不肝肠摧绝耶

——《上谭继昇夫妇》(其三)

大伯父母大人膝下：

久未接信，想仍健康如昔，不胜念念，侄近来一切均幸敉平[2]。九月二十六日从父亲往兰州，于十月二十三日还署。父亲因途中感受风寒，眠食不豫[3]，现已痊矣。惟于旅次[4]接六兄信，知二兄于七月二十七日即世[5]，发函伸读，曷胜[6]于邑[7]。伏念在京时与二兄两次聚首后，于庚辰冬再会，亦甚怡怡，讵料[8]去年分袂，顿成死别。侄于此际，真有不堪回首者矣！夫兄弟无故之时，往往不觉其乐，惟于事后追思，便有许多难得处。况三兄已先亡，不数月，玉树齐摧，更想及当年五兄之去世，兄弟凋零若是，能不肝肠摧绝耶！惟望伯父母大人随处达观，顺时自保，死生前定，悲亦何益？诚能步履如常，宴安犹昔，则区区下怀，亦窃慰矣。

---

[1] 谭嗣同（1865—1898）：字复生，号壮飞，湖南浏阳人。湖北巡抚谭继洵第三子。清末维新派政治家、思想家。光绪二十四年（1898）因参与戊戌变法失败被杀，为“戊戌六君子”之一。

[2] 敉（mǐ）平：平定，安定。

[3] 豫：安闲，舒适。

[4] 旅次：旅途中小住的地方。

[5] 即世：去世。

[6] 曷（hé）胜：不胜。

[7] 于邑：忧郁烦闷。

[8] 讵（jù）料：岂料。

肃此，恭请福安！并请大、四兄大人台安！

侄嗣同谨禀

译文

大伯父大伯母：

很久没有收到你们的来信，想来你们还是像以前那样身体健康，我非常想念你们，侄儿近来一切都好。九月二十六日我跟随父亲去兰州，于十月二十三日回到官署。我父亲由于在路途中感染了风寒，吃饭睡觉都感到不舒服，现在已经痊愈了。我在旅途中接到了六哥的书信，知道二哥在七月二十七日去世了。我拆信阅读时，十分难过。我想起在京城的时候和二哥两次相聚，之后在庚辰年冬天再次会面，也是十分欣喜，岂料去年的那次分手忽然就变成了永别。侄儿在这个时候，真的是不忍心再回头想过去的事啊！兄弟相聚，平时往往感受不到其中的乐趣，但是在事后回想起来，就知道有很多可贵的地方。况且三哥已经先一步离世了，不过几个月的时间，兄弟俩就相继离世。我又想起当年五哥去世的情形，兄弟们像这样死的死，散的散，怎么会不让人肝肠寸断，伤心至极呢！只希望大伯父大伯母处处都看开一些，顺应时势，保重自己。生死的命数早就已经注定了，太过悲伤也没有什么好处。如果大伯父大伯母能像过去那样步履矫健，像原来那般安逸享受，那么我内心也能够有所宽慰。

敬此，恭请幸福安康！向大哥和四哥请安！

侄儿嗣同谨禀

衡山周氏家训：世间难得者兄弟

石天基[1]曰："世间难得者兄弟，或读诗书，尔我讲解；或做生意，彼此商量。耕田种地，出力相帮；手艺经营，留心照应。莫为几句言语，便伤和气；莫为几许钱财，便起争端。就是有性情不好的，须委曲承顺，自然感化得来。万一不能，亦惟自尽其道而已。"

进士陈世恩[2]兄弟三人，公居次。长兄，孝廉[3]也。季弟某，少好游，日出暮归，孝廉辄作色规谏，竟不改。公曰："徒伤亲爱，无益也。"每夜躬守户外，俟弟归，手自扃钥[4]，问其寒暖饥饱。如是者数夕，弟大悔，不复暮归。

赵彦霄兄彦云，好声色博弈，家计已为所坏，彦霄谏之不入，遂求分析。及五年，兄之生计荡然，且多逋负[5]。彦霄因除夕置酒邀兄嫂，告之曰："向本无分析意，以兄用不节，恐俱尽，有饥寒之忧。今幸留一半，亦足以给伏腊[6]。兄自今饮食弟家，兄所逋负，弟已储钱足偿矣。"兄有惭色，从之。次年，彦霄父子俱登第。

---

[1] 石天基：即石成金，字天基，号惺斋，又称"惺斋愚人"，江苏扬州人。清代居士、医学家，著有家训著作《传家宝》等。

[2] 陈世恩：明代河南夏邑人，字庆远，号两峰。万历十七年（1589）进士。授保定府推官。

[3] 孝廉：明朝、清朝对举人的称呼。

[4] 扃（jiōng）钥：门户。

[5] 逋（bū）负：拖欠。

[6] 伏腊：古代两种祭祀的名称。伏，夏天的伏日。腊，冬天的腊日。此处借指生活或生活所需的物质资料。

译文

石天基说："世间最难得的是兄弟，有的兄弟一起读书学习，相互讲授理解；有的兄弟做生意，彼此之间有商有量。有的兄弟耕田种地，相互出力帮忙；有的兄弟做手艺，彼此留心照应。（兄弟之间）不要因为几句言语，就伤了和气；不要因为一点钱物财产，就引起争端。就算有性格不好的兄弟，也要迁就顺应，自然而然地用言行感化他。万一不能感化他，也只能尽心做好自己应该做的事情。"

进士陈世恩有兄弟三人，他是老二。陈世恩的长兄是举人。最小的弟弟年纪轻轻，游手好闲，每天早出晚归，长兄严厉地规劝他，他也不改。陈世恩说："这样子只会伤害我们的兄弟感情，是没有好处的。"于是陈世恩每天夜晚亲自守在家门外等待弟弟归家，手里拿着钥匙，并关切地问弟弟的寒暖饥饱。陈世恩如此坚持了很多天，弟弟终于醒悟了，不再晚归。

赵彦霄的哥哥赵彦云喜爱歌舞、女色和赌博，家产已经被他败尽。赵彦霄劝谏他也不听，于是请求分家。等到五年之后，哥哥赵彦云的家产已经荡然无存，并且欠了很多债务。赵彦霄在除夕之夜置酒设宴邀请兄嫂，告诉他们说："过去我本来没有分家的意思，但因为兄长用度不节制，我害怕家财全部荡尽，有挨饿受冻的忧虑。现在幸运地还留了一半的财产，也足以让我们维持生活。兄长从今天开始就在我家住下生活，兄长所欠的债务，我已经存够了钱，足以偿还了。"赵彦霄的哥哥面有惭色，听从了弟弟的话。第二年，赵彦霄父子俩都考中了进士。

湘阴任氏家训：弟者，分形连气之人也

弟者，分形连气之人也。古有大被同眠[1]，灼艾分痛[2]者，无非笃友恭之谊。惟是兄爱其弟，弟敬其兄，勿以小忿而生忌刻，勿因财利而起争端。居常则协力维持，有变则同心御侮，庶几[3]式好无尤，而外人不敢相欺矣。匪但同胞，即从兄弟[4]，亦皆宜敦和好，厚恩谊，方为右族。近世要结成风，每联异姓为兄弟，喜则庆，忧则吊，财货相遍。曾一从、再从、三从兄弟与我共高曾祖者，而反不相联属乎？凡人家兄弟不和，多为妇言所惑，以致竞短争长，猜嫌成忿，分门别户，视若寇仇[5]，骨肉参商[6]，几同秦越[7]。如此之人，宜为宗族乡党所不齿，吾族切勿效之。

---

[1] 大被同眠：指兄弟间关系好，同盖一条棉被睡觉。典故出自《后汉书·姜肱传》，后汉姜肱与弟仲海、季江十分友爱，常共同起卧。

[2] 灼艾分痛：比喻兄弟友爱。典故出自《宋史·太祖纪三》。北宋时期，宋太祖赵匡胤的弟弟赵匡义得病，十分痛苦。太祖去探望他并亲自为他灼艾治病。赵匡义感到很疼痛，叫了出来。太祖于是将热艾往自己身上灼烧，分担弟弟的痛苦，赵匡义十分感动。

[3] 庶几（jī）：也许可以。希冀之辞。

[4] 从兄弟：同一祖父不同父亲的同辈男子之间互称为从兄弟，即堂兄弟。

[5] 寇仇：仇敌。

[6] 参商：参、商二星此出则彼没，两不相见。因以比喻人分离不得相见，亦比喻不和睦。

[7] 秦越：古代秦、越两国，一在西北，一在东南，相去极远。后因称疏远隔膜、互不相关为“秦越”。

译文

弟弟是形体分别，气息相连的人。古时候有大被同眠、灼艾分痛的典故，说的就是兄弟之间友爱恭敬的情谊。兄长要爱护弟弟，弟弟要尊敬兄长。不要因为小小的矛盾而生出妒忌刻薄之心，不要因为财产和利益而产生争端。兄弟之间，平时则协力维持，有意外发生则齐心抵抗外侮，也许可以骨肉和好，没有怨尤，那么外人就不敢随意欺辱。不仅是亲兄弟，即使是堂兄弟，也要相处和谐，加深恩德情谊，这才是豪门大族应该有的行为。现在的社会邀引交结成为风气，与异姓结为兄弟，有喜事的时候前来庆祝，有丧事的时候前来吊唁，财货利益关系紧密。曾经和我们拥有共同曾高祖的从祖兄弟、从父兄弟和从兄弟，反而不相联系了吗？凡是兄弟不和的家庭，大多是被妇人之言所迷惑，导致在细小的问题上过分计较，猜忌嫌怨，成为怨恨。最后分门别户，兄弟之间互相视为仇人，骨肉疏离，互不相关。这样的人，应当被宗族乡党所鄙视，我族之人千万不要效仿他们。

宁乡刘氏[1]家训：以手足喻兄弟，惟其痛痒相关也

古人以手足喻兄弟，惟其痛痒相关也。虽极无良之人，未有以手残足，何兄弟相残者之纷纷耶？大约听信妇女之言、奸

---

[1] 宁乡刘氏家族原居江西吉水。始迁祖时显公于明中叶随长子刘宝到资阳。刘宝辞官后，时显公率其子孙定居于宁乡南乡距城六十里许的茅田滩。刘氏后人刘昭居石栗冲，刘昭十三派孙绍选即刘少奇。

人之播、奴仆之谮[1]，或因争山争产争财所致，独不思产业自有丈册[2]，山地自有分关[3]，财务自有分定。苟或恃强争多，万一干天之怒，灾之以疾痛，假手于穿窬[4]，岂非得此失彼乎！极宜猛省。

译文

古人以手足比喻兄弟之情，是因为兄弟之间疾苦相关，关系密切。即使是极其没有良知的恶人，也未曾有以手去伤害脚的，哪里会有那么多兄弟相残的事情呢？大约都是听信妇女的谗言、奸人的挑拨、奴仆的毁谤，或者因为争山、争产、争财所致，唯独不思考产业自有登记簿，山地自有分家析产的文书，财产自有名分确定。如果有的兄弟凭借自己强大就力求获得更多的财产，万一触怒了上天，就会降下疾病灾难，借盗贼之手夺走，难道不是顾了这个，丢了那个吗？非常应当深刻自我反省。

---

[1] 谮（zèn）：进谗言，说人的坏话。

[2] 丈册：即丈量册。明清土地登记簿。册内按户登记土地亩数、四至疆界，并将土地高岗、低洼、涝旱、肥瘠及沙卤诸形绘入册内。

[3] 分关：指分家析产的文书。

[4] 穿窬（yú）：指盗窃的行为。

浏阳寻氏家训：兄待弟宜友，弟事兄宜恭

孔孟教人，谆谆以孝弟为前提。观《蓼莪》[1]一篇，则知父母之恩，高厚难报。益人寿几何？桑僱榆迫，人子奉侍父母之时期，实不逮父母鬻（yù）育子女之岁月。此风摇静树，欲养无存，椎牛[2]难黍，孝子所以增感也。至弟之于兄，同气分形[3]，鸰原雁羽，互相饮助。兄待弟宜友，弟事兄宜恭。周公秉璧，纪在《金縢》；叔齐让国，名留孤竹。较后世以小忿废懿亲[4]，因家财伤骨肉者，奚啻霄壤[5]？此子弟宜以圣贤为法，故先之以孝弟。

译文

孔子和孟子教化人，孜孜不倦地以孝悌为前提。我看《蓼莪》一篇，则知道父母的养育之恩深厚难报。何况人的寿命又有多少呢？岁月催人老，人子侍奉父母的时间，实在比不上父母生养子女的岁月。树要静止，风却不断地吹动树木，人想要奉养父母的时候，父母却已经不在了。杀掉牛就难以耕地种

[1] 蓼（lù）莪（é）:《诗经·小雅》篇名。《诗序》说是写“民人劳苦，孝子不得终养”，以“刺幽王”。诗中主要申说“哀哀父母，生我劬（qú）劳”“欲报之德，昊天罔极”，宣扬孝道。

[2] 椎（chuí）牛：击杀牛。

[3] 同气分形：指形体各别，气息相通。形容父母与子女关系十分密切，后亦用于形容兄弟之间关系密切。

[4] 懿（yì）亲：至亲。古时特指皇室的宗亲。

[5] 霄壤：犹天地，指天地悬远，天壤之别。后常用以形容差别极大。

植粮食，孝子因此更加感伤。至于弟弟之于兄长，是形体各别、气息相通之人。兄弟遇到困难，应当相互帮助扶持。兄长对待弟弟应该友爱，弟弟服侍兄长应该恭敬。周公秉执玉珪祷告上天先祖，愿意代替兄长武王而死，这件事被记录在了《尚书·金縢》中；叔齐与伯夷相互推让王位，美名留于孤竹国。这与后世因为一点小摩擦就舍弃至亲，因为家财争端而伤害骨肉同胞比起来，真是天差地别！族中子弟应该以圣贤的行为为榜样，所以首先应该学的就是孝悌。

二、敬宗睦族、勤俭节约的家政观

（一）宗族：敬宗睦族

一个家族的繁荣兴盛，需要几代人的奋斗和努力。回顾历史，几乎每个经久不衰的家族，都有着自己独有的家族文化，而“敬宗睦族”则是它们的共同特点。敬宗，就要敬重在世的前辈，更要重视对祖先的祭祀。睦族，就要处理好族人之间的关系，维护宗族的团结与合作，使宗族长存。在家国同构的传统社会里，敬宗睦族也是增强家族凝聚力和国家向心力的重要因素。

邗江王氏家族延续数百年而不衰，其中的秘诀之一就是敬宗睦族。邗江王氏是明清时期湖南衡阳的名门望族，涌现出了王朝聘、王夫之、王介之等著名的文化人物。王氏家谱中记载了王氏后人尊敬祖先，重修庵庙的故事。护云庵位于距离湘江三里的石子岭，王氏族人延请僧人居住于此，以培护山林，看守祖先坟墓。嘉庆二十四年（1819），王氏后人携美酒佳肴，前来拜谒祖茔。祭祖后，众人在僧院休息，见冬日烈烈，阳光直射诸佛顶上。环顾庵庙，众人发现护云庵年久失修，栋宇横斜，垣墉颓废，僧人几乎没有居住的地方了。这天祭祖，大家心中都不痛快：佛祖没法供奉，僧人就无法安身；僧人无法安身，祖先坟墓就没人培护看守。于是第二年，房长竺伦、俊选、太交等人带领族人，重修院墙，整修房屋，更换门窗，历时数月，院宇告成，祖宗有人护持，众心乃安。在日常生活中，王氏族人也相互帮助，同舟共济，和睦共处，至今仍然代有闻人。

彭玉麟得知衡阳彭氏家祠完工非常高兴，他写信给叔叔说家族人能不忘根本让他非常欣慰。他认为子孙应当无愧于祖先，时刻不忘对父母行孝道的心思。胡林翼得知有些族人不太和睦，有的竟到了对簿公堂的地步。他告诉枫弟说族中人情谊虽然有远有近，但是如果推溯来处，就是一个共同的祖宗。源自同一个祖宗的亲近，还有什么不能消除的矛盾呢？为什么都不相互退让，以保持和气呢？

还有很多家族都是从外省迁来湖南开枝散叶，他们更明白敬宗睦族在激烈的生存发展竞争中所具备的作用和意义。如长沙张氏家族始迁祖宗可公在元代末年兵乱时由江西南昌避居长沙柘（zhè）冲，宗道公于明代洪武初年徙至浏阳。先祖宗可公就近于欧塘冲、师姑源、石塘等处置业，遂世为长沙人。张氏家训中不仅列入了“宗族宜睦”条，还详细地论述了睦族之要：一要尊敬族中名分尊者，二要扶持保护族中老人，三要尊重族中贤能之人，四要救助族中孤寡之人。

由此可知，祖宗是我们的根本，族人是与我们同枝共叶的人。一个人只有尊敬自己的祖先，处理好和家族亲人之间的关系，才能推而广之，在以后的政治实践和社会实践中处理好各类事务。

左宗棠：不可分家即如路人

——《与孝威》

前函未发，复接四月十七日书，具悉家中光景。二伯忧伤成疾，何能猝愈？应备一切，应早料理。癸哥在浙，有信归否？官可不作，子职不可不尽也。

九伯、十伯、楷叔近来可免饥困，聊慰我意，每月馈食可缓。然吾每见世俗骨肉，一经异居便如路人，各私其妻子，视服内兄弟子侄毫不介意，心窃以为不可。尔曹但能时常在意，庶毋[1]伤天性，可以教家，可以保世也。

译文

前一封回信还没有寄出，又接到你四月十七日写来的信，我对家里的事情都很了解了。二伯忧伤过度，已经得了病，怎么会马上痊愈呢？应该早点准备，及时处理。癸哥在浙江，有信寄回来了吗？官可以不做，但是他不能不尽到作为儿子的职责。

九伯、十伯、楷叔近来已经摆脱了饥饿和困苦的处境，这稍微安抚了我的心情，每个月给予他们的接济可以延缓些。然

[1] 庶毋（wú）：希望不要。

而我经常见到世间的兄弟，一旦分了家就跟陌生人一样，每个人只会在意他的妻子和儿女，而对家族中其他的兄弟子侄毫不放在心上，我心底认为不可以这样。你们只要能够时常在意这一点，或许可以不伤天性，就可以教导家里子弟，也可以延续血脉。

胡林翼：以一本之亲，无不可消释之嫌隙

——《致枫弟》

接来书，悉族中人有不甚和睦者。风潮所激荡，势将爆发。或竟涉讼，亦难逆料。此事兄亦早有所闻，但详细情形，则尚未悉，望于下次来书中述及。惟有不能已于言者，族中人情谊虽有远近，然使推溯所自出，则固一本也。以一本之亲，有何不可消释之嫌隙[1]，竟不可各为退让，以保和气耶？若因戋戋[2]之费酿成讼事，则所损失，岂不更巨？两方恐均不蒙其实惠也。望先为消弭，至要至要。附录近日《示禁妄控》一文，俾[3]知词讼之有害而无益也。

译文

接到来信，知道家族中有些人相处不是很和睦。一旦被狂风浪潮所激荡，势必将会爆发。有些人竟然涉及诉讼，这也是

[1] 嫌隙：因猜疑或不满而产生的仇怨。
[2] 戋戋：形容少。
[3] 俾（bǐ）：使。

我难以预料的。这些事为兄也早就有所耳闻，但是详细的情形还没有全部了解，希望你在下次寄来的书信中提及。我不得不说的是，家族中人的情谊即使有远有近，然而追溯自己的出处，则都是同一个祖宗。以同一个祖宗的亲情，有什么不能消除的仇怨，竟然不肯各自退让，以保持家族和气呢？如果因为微小的钱财而去打官司，那么所造成的损失岂不是更巨大吗？两方的人恐怕都得不到便宜。希望双方先消除矛盾，这是最紧要的。后面附上近日写的《示禁妄控》一文，希望使大家知道打官司的事情只有害处而没有任何好处。

胡林翼：当推一本之谊，而互相退让

——《致枫弟》

家人胡根来，读手书，知家中五宅平安，侄辈读书亦能有恒为慰。吾弟因族人失和，调解无效，颇为忿忿，宣言不愿再预闻[1]，此实大可不必。此事所争者名为析产不均，然不均之数，估计仅有百金，双方岂皆少此百金者，乃竟各不相下，至于无法调停？兄意此必有人从中作祟，向双方播弄唇舌，使堕入彀中[2]，以便于中取利。夫使所争为利，则一经涉讼，所需岂止百金？倍之亦未可知。败者固无所取偿，胜者亦岂能入橐[3]？此其为计，殊属太左。若不为利而为意气，即不推一本

[1] 预闻：参与其事并得知内情。

[2] 彀（gòu）中：箭的有效射程。后用以比喻牢笼、圈套。

[3] 橐（tuó）：口袋。

之谊而互相退让，而再度相争，岂非愈结愈深？辗转相报，又何时可了！吾弟既已预闻，望再明白症结所在，从事调处。即稍受委曲，亦属无妨。事了后，双方必皆感激不置。否则对簿公庭，弟亦不能不预，不能不闻也。

译文

家人胡根来，我读了你写的信，知道家里所有人都平安，侄辈读书也能够有恒心，这真让人欣慰。弟弟你因为族人不和，前去调解没有效果，很有些生气，并称不愿再参与其事并得知内情了，这实在是大可不必。这起争端，名义上是因为财产分配不均，但是不均的数额估计仅有百金，难道争执的双方都是缺少这些钱的人吗？他们竟然互不相让，以至于无法调解。我猜测必有人从中作梗，向双方传播不实的言语，让人中了他的圈套，以便他能够从中获利。假如大家争这个是为了利益，那么一旦打起官司，所花费的岂止百金？翻倍都未可知。输掉官司的一方固然没有补偿，赢了官司的一方又怎么能把钱装进口袋呢？他们的想法，错得太多了。假若争执不是为了利益，而是意气用事，不念及同一个祖宗的情谊而相互退让，却再次相互争执，仇怨岂不是越结越深吗？反复相争，什么时候可以了结呢！弟弟你既然已经参与其事了，希望你了解矛盾的症结所在，从中调解。即便你稍稍受点委屈，也是没有关系的。事情了结后，双方必然对你感激不尽。否则双方对簿公堂，弟弟你也不能不干预，不能不了解呀。

彭玉麟：子孙当无忝尔祖，存孝思不匮之心

——《禀叔》

来谕以族中请修家祠，已拨款鸠工[1]，闻之大慰。吾族竟亦不忘其根本者矣！溯吾家自高曾来，积德独厚，而子弟之举于乡者罕所见，仕于朝者更无所闻。耕稼务农者十之七，获于秋，藏之冬，饱暖不求诸人，于邻境之歉啬，常施解衣推食之忱。或天之报施，冥冥中已独垂呵护，异于常伦。或载之厚者将韫（yùn）所珍，今也果然。有握邑篆[2]者矣，有拥旄纛[3]者矣。小焉者亦青一衿[4]，以荣于里井，此岂后辈之秉异怀颖？莫非祖宗之积德造福也。是以子孙当无忝尔祖，存孝思不匮之心。

修祠一事不可缓，春秋享祀，亦尽心焉而已。惟侄意窃有所进者，不敢缄默。祠之左，堂庑[5]三椽（chuán），祭祀时供休憩之用，陈尊簋（guǐ）壶榼（kē），具香烛牲礼，杯酒以睦宗亲，故非虚设也。但于平日则加扃键[6]，蜘之网可以承尘，莫不呈萧索之象。尊龛供案，整洁非时，亦于德行孝思有亏。计惟利用家祠余屋，创办义塾，择族中贫困者，强之受启迪。

[1] 鸠工：聚集工匠。

[2] 邑篆：地方政权的公章。

[3] 旄纛（dào）：指古代帝王车上用牦牛尾制成的装饰物。

[4] 青一衿：同“青衿”，古代学子的常服。明清科举时代专指秀才。

[5] 堂庑（wǔ）：堂及四周的廊屋。亦泛指屋宇。

[6] 扃（jiōng）键：门户锁闭。

屋有人居，事有职守，乃遣侍西席先生者一人，执洒扫烹涤之劳役，于此事而两得裨益，谅蒙许诺。其教诲殷殷者，则五舅有不倦之誉，但不知肯视双槐古祠为杏坛[1]否耳？敬请图之。

译文

您来信说族人请求修葺家祠，已经拨款并且召集工人，我听后非常开心。我们族人竟然也不忘家族的根本了！追溯到我们家族从高祖、曾祖以来，功德积累得就很深厚，但家族子弟能考上举人的很罕见，能在朝廷做官的更是没有听说过。十分之七都在耕种务农，秋天收获，冬天储藏，都能满足自身的暖饱而不求诸他人。对于离得近的地方遇到荒歉，族人也常常乐善好施，为人解除忧患。或许上天在冥冥之中已特别给予我们家族不同寻常的垂怜与呵护，或许是大地珍藏起其所珍视的，现在觉得够了。家族中出现了担任地方官的人，也有伴随皇帝身边的人。成就小的也考上秀才，在乡里享有荣誉。这只是后辈与众不同，聪明过人吗？这难道不是祖宗积累美德，造福子孙后代的结果吗？所以子孙应当无愧于祖先，应当存着永远遵行孝道的心思。

整修祠堂这件事不能推迟，在春秋时节祭祀，也要尽心去做。侄儿还有想说的，也不敢藏在心里不说。在祠堂的左边有三间厢房，在祭祀的时候供休息使用，里面摆放酒器、食器之类，准备香烛、牲礼、酒水，这是为了宗亲和睦，因此并不是

[1] 杏坛：相传是孔子讲学之处，后泛指授徒讲学的地方。

摆设。但是现在厢房在平日里锁上门，蛛网上落满灰尘，无不呈现出萧瑟的景象。尊龛供案也不按时清洁，这对于德行和孝思也有所亏欠。我计划利用祠堂空闲的屋子创办免费的义塾，选取家族中比较贫困的子弟，让他们在那里上学，得到开导和启发。（如此一来）房屋有人居住，事情有人负责。族中选派一名服侍老师的人，同时负责打扫卫生、烹饪、洗衣的工作。在设立义塾这件事情上，能够让家族和个人两边都得到好处，希望能够得到您的允许。在善于执教的人选方面，五舅有着诲人不倦的美名，但是不知道他是否愿意到这处有两棵槐树的古祠来执教？还要请您筹划。

湘阴任氏家训：相接以礼，相敦以让

宗族者，吾祖宗所分之支派也。自我观之，固有远近亲疏之别，自祖宗视之，则均是子孙，非若秦越人之不相关切也。其在父兄辈，当尽父兄之道；在子弟辈，当尽子弟之分。相接[1]以礼，相敦以让，弗因细故[2]而生仇恨之心，弗乘危困[3]而有乐祸之心，弗以彼之富贵而怀嫉妒之心，弗以彼之贫贱而有厌薄之心。近则时相聚会，远则岁节往来，吉则庆，凶则吊，家难则协力排解，外患则共为扶持。如此则亲亲长长，

[1] 相接：交接，相交。

[2] 细故：琐事。

[3] 危困：危急困穷。

人皆雍睦[1]，无愧名门望族矣。近日处宗族者，贤则傲愚，富则傲贫，众则傲寡，强则傲弱，甚至同宗共族，见衰微者不屑与之齿，他族异姓，见势盛者反附以为荣。是亲其所疏，疏其所亲，可耻之甚者也。知其可耻，则知所以敦族谊也。

译文

宗族是我们祖宗所分出的支流。在我看来，固然有远近亲疏的分别，在祖宗看来，都是子孙，不是像秦国人和越国人一样没什么关系。作为父亲和兄长，应当尽到父亲和兄长的职责；作为儿子和弟弟，应当尽到儿子和弟弟的本分。相互用礼节对待，相互用谦让劝导，不要因为细小的事情而生出仇恨之心，不要因别人危难困顿而有幸灾乐祸之心，不要因别人富贵而怀有嫉妒之心，不要因别人贫贱而有厌恶轻薄之心。距离近就经常聚会，距离远就在节日往来，有好事一起庆祝，有坏事加以慰问，家中有难处齐心协力解决，外在有忧患就相互扶持。像这样的话，亲人像亲人，长者像长者，人人都和睦，不愧对名门望族的名声。但最近族中的人，聪明的轻视愚笨的，富贵的轻视贫穷的，家中人口多的轻视人口少的，强大的轻视弱小的。甚至本属一个宗族，见到身份卑微的人不屑与他说话，反而见到其他宗族有势力的人，以攀附为荣耀。这是亲近陌生的人而疏远亲近的人，十分可耻。知道这是可耻的，就知道怎样崇尚宗族的情谊。

---

[1] 雍睦：和睦。

长沙张氏家训：宗族宜睦

宗族宜睦也。睦族之要，一曰尊尊。凡名分属尊者，则恭敬退让，不敢触犯。二曰老老。凡分虽居卑，而年齿迈众者，则扶持保护，待以高年之礼。三曰贤贤。凡有德行品望者，乃本宗桢[1]干，事可效法，忘年忘分以敬之。四曰恤孤寡。孤者幼而无父，寡者青年守节，穷而无告[2]，最被人欺。王政尚以此为先，况是同族人乎？贫者恤以口头方便，富者恤以衣食钱财，尽吾心，量吾力焉可也。至于义学、义田、义仓、义山等事，教养同族穷人，使生死无失其所，皆族中殷实所当兴者。范文正公有言曰："宗族于我，固有亲疏，而自祖宗视之，则均是子孙，固无分乎亲疏。"若不体祖宗均爱之心，是为得罪祖宗，不孝孰大焉？葛藟[3]犹能庇其本根，可以人而不如草木乎？

译文

宗族之间要和睦相处。宗族和睦的关键，第一要尊敬尊者。凡是在名分上属于尊贵的人，就要对他恭敬礼让，不敢触犯他。第二要孝敬老人。凡是名分虽然居于低位但年长于众人的人，应当扶持保护，用对待长者的礼节对待他。第三要学习贤者。凡是德行端正名望崇高的人，都是本宗族的支柱，做事情参照他们的做法，忽略年龄和辈分来尊敬他。第四体恤孤儿寡妇。

[1] 桢：古指筑墙时两端树立的木柱。引申为支柱。

[2] 无告：有苦而无处求告。形容处境极为不幸。

[3] 藟（lěi）：藤。

孤儿在幼年就没有了父亲，寡妇在青年时就坚守名节，他们处境恶劣，有苦却无处诉说，最容易被人欺负。国家尚且以关照他们为首要大事，何况是同族中人呢？贫者在口头上给予安慰，富者在衣食钱财上给予体恤，尽自己的善心和力量就可以了。至于义学、义田、义仓、义山这等事，教养同宗族的穷人，使他们无论生死都不会失去居所，这都是家族中家境殷实的人应该兴办的事。范文正公有这样一句话："宗族对我来说，固然有亲有疏，但在祖宗看来，都是子孙，原本不分亲疏。"如果不体恤祖宗平等关爱之心，就是得罪祖宗，还有更不孝的事情吗？藤蔓犹且能够庇护自己的根本，难道人还不如草木吗？

湘乡周氏家训：同宗宜雍睦

同宗之人，枝分派衍，一本万殊，是以有亲疏之房分别之也。然自祖宗视之，则均是子孙矣。奈何人不念祖，遽[1]分彼此，各亲其亲，甚者见利忘义，絜[2]长较短，逞一己之血气，抱公庭之大忿[3]，结仇构怨，莫能已也。自我思之，纵事关大义，势难容忍，白于族姓之公廉，辨其是非之曲直，毋纵毋枉，强暴者抑之，愚懦者扶之。若仍肆横逆，合族连名附举，家法之所不及者，岂国法亦有所不及乎？能如是，庶可渐几于淳朴矣。昔张公艺九世同居，高宗幸其第以询，止书一

[1] 遽（jù）：遂，就。

[2] 絜（xié）：用绳子计量物体的围长。泛指衡量、比较。

[3] 忿：怨恨。

"忍"字以对。范文正公参知政事，所得俸禄，悉以给族，复置义田以赡族之贫乏，后子孙之显盛，非公有以致之乎？凡我子姓，自兹以往，勿以贵凌贱，勿以富吞贫，勿以众暴寡，勿以强辱弱，勿以小加大，勿以淫破义。寿婚丧祭，远近亲疏，翕然[1]聚顺，庶几雍睦之盛，复睹于今日，而九族亲矣。

译文

同宗的人，分支派繁衍，都是从同一根本分生出许多不同支脉，所以有亲疏的房族宗支来加以分别。但是从祖宗来看，都是子孙。奈何人不顾念祖宗，就分出了彼此，各自亲近各自的亲人，甚至有见利忘义的人，计较长短，逞一时的血气，在公堂上彼此愤怒，结下了仇怨，无法平息。在我看来，这种事情关乎大义，势必再难容忍，应该告诉家族中公正廉明的人，分辨事情的是非曲直，不要纵容坏人，也不要冤枉好人，压制强横凶暴的人，扶植愚笨懦弱的人。如果他仍然放肆蛮横，全体族人联名检举他，家法顾及不到的地方，难道国法也顾及不到吗？如果能这样，或许不久就可以归于淳朴。昔日张公艺九代人住在一起，高宗临幸他的宅邸询问他原因，他只写了一个"忍"字作为回答。范文正公是参知政事，所得的俸禄，全部给了家族，又置办义田以赡养族中贫困的人，后代的子孙显贵兴旺，难道不是因为范文正公吗？凡是我同族中人，从此以后，不要凭借显贵欺凌贫贱，不要凭借富贵兼并贫穷，不要凭借人

[1] 翕（xī）然：安宁，和顺。

多欺负人少，不要凭借强大侮辱弱小，不要小辈凌驾长辈，不要因为放纵破坏大义。祝寿、婚姻、丧葬、祭祀等活动，远近亲疏的人和顺地聚在一起。这样的话，和睦的盛况或许可以再次在今天看见，而九族的人可以相互亲近。

宁乡刘氏家训：凡我族人务宜同心一德

族党者，与我同枝共叶之人也。虽有富贵贫贱之不同，要皆一脉流行，乌得轻相搏击？凡我族人务宜同心一德，切勿尔诈我虞[1]。即有不平，鸣族赴祠，辨明是非曲直，而居尊者理处之，不应动辄与讼，以伤庭谊。若有贫困不堪者，必设法周济以免饥寒之苦。盖恤族即以孝先也，至于邻里戚友皆六行[2]中所必讲者，俱宜存古道以厚风俗。

译文

同一个宗族的人是和我同枝共叶的人。即使富贵贫贱不同，但都是一条血脉流传下来的，怎么能动不动就相互争斗呢？凡是我的族人务必要同心同德，不能互相欺骗。即使有不满意的地方，也要遍告族人，赶赴祠堂，分辨清楚是非曲直，再让尊长裁断处置，不能动不动就去诉讼，从而伤害家族的情谊。如果有十分贫困的族人，必须想办法接济他，以免其挨饿受冻。

[1] 尔诈我虞：互相猜疑，互相欺骗。

[2] 六行：西周大司徒教民的六项行为标准，即孝、友、睦、姻、任、恤。

大概体恤族人要以孝为首，至于邻居亲戚都是六行之中所提及的人，都应该保存古代的道德规范，使现在的风俗更淳厚。

宁乡梅氏家训：合族宜敦睦，一体如一木

合族宜敦睦，一体如一木。试观叶与枝，本是同根脚。亲疏虽有殊，祖宗无厚薄。每见族间人，纷纷争口角。多因小忿起，遂酿成大祸。独不思范公，义田恤穷饿。仁厚振家声，亲让诚堪慕。切忌论短长，褒贬分清浊。愿息门庭争，莫为鼠与雀。殷勤诫后人，宜将古人学。

译文

族人应该和睦，大家像一棵树一样属于一体。请看叶和枝，本就是同根所生。亲疏即使有区别，祖宗也不会分厚薄。每每见到族中人，接连不断起纷争。大多因小的怨恨而产生，最后酿成大祸。唯独不思量范文正公，置办义田体恤穷苦挨饿之人。他的仁厚提升家族的名声，他的亲和谦让使人羡慕。切记不要计较长短，别人的褒奖和贬低自然将分辨优劣是非。希望你们停息家族的纷争，不要因小事发生诉讼。殷勤地劝诫后人，要向古人学习。

（二）赈济：同宗互助

宗族意识在中国古代源远流长。《尚书·虞书·尧典》曰“克明俊德，以亲九族”，大意是说尧能彰显自己崇高的品德，关心帮助族人，使族人能够亲和团结。这个记载反映了中国传统文化从一开始就有重视宗族的底色。同一家族之中，各家难免有贫富的差异，基于同出一源的观念，族中富家或有能力的人常给予贫寒、困难之人救济和帮助。这种同族之间的互助，在古代形成优良传统，既有临时性的举措，也有制度性的安排。制度性的同族互助，便是依照一定的规矩，对族人作经常性的赠给，使家族本身能够有更广泛而长远的发展基础。

曾国藩家族在同宗互助上堪称典型。做官之后，曾国藩本人生活仍然俭朴，不存钱私肥一家，而是尽力救济生活困难的族人。道光二十四年（1844）曾国藩到四川主持乡试，朝廷补助了他一千多两银子。他不忘家族中贫苦的亲人，立刻拿出一千两寄回老家，还写了一封长长的家书，告知家人其中六百两用来还债，剩下的四百两用来馈赠亲族。在没有还完家中欠债的情况下，他为什么还要救济亲人呢？曾国藩认为家中的债务可以以后再还，但是扶危济困刻不容缓，如果现在不做，以后就没有机会了。由此可见曾国藩救济族人的拳拳之心。

清朝兵部尚书、衡阳人彭玉麟出身孤寒，入仕之后好施舍亲旧。他做了高官之后，禄赐有余，认为宗族无论亲疏，都源出同一祖先，富贵者对贫困的族人有经济上的责任。彭玉麟按时接济族中几位鬓萧齿豁的老年人，又毫不犹豫地拿出自己获赏的几千两白银救济家乡的穷苦亲戚。最初彭玉麟以周济族人的日常生活为主，后来他进一步资助族人读书，拿出部分款项作为兴学之资，延请名师教育族人，使族人不致因清寒而无法向学。族人通过读书应举可以改变自身命运，还可以提高家族的社会地位。彭玉麟晚年更是捐出一万二千两养廉银在衡阳湘江中流的东洲创建船山书院，为家乡培养人才，至今传为美谈。

同宗互助在湖南各地的宗族家训中较为常见，如宁乡马氏、湘乡文氏、湘阴任氏、益阳姚氏、湘潭马氏等家族分别以“赈困穷”“惜贫困”“恤孤寡”“赈济孤贫”“兴义举”为题，明确要求有条件、有能力的族人主动帮助穷困孤苦的族人。正是因为同宗互助观念的影响，湖湘地区的许多家族能扶危济困，帮助族人，代代相传，从而维护了家族的和睦，促进了家族的发展和社会的稳定。

欧阳玄[1]：勿患其寡而患其有未至

——《与所性侄[2]书》

自夏谒告祠垣，道假江左，取便欲经祖郡省墓，谱亭之行[3]，途中暑剧，心与迹违。抵家以来，且人事蚕丛，文债日生[4]，远辱慰问。但卑叔在朝，忝自从臣，未罄黼黻[5]之报。恩及二代，兼蒙赐碑，荣幸不胜。今遣仆老李特赍敕赐碑一本相奉，别致薄赆[6]，赠诸族属。烦吾侄分俵[7]，勿患其寡而患其有未至也。

迩者贱疾，百病交攻，使者复促上道，起居未可自必。老仆即使之归，似难稽召命，舟中欲使任其扶持之劳，故暂留也。不宣。

[1] 欧阳玄（1283—1358）：字原功，号圭斋。元代史学家、文学家、书法家。祖籍江西庐陵，系欧阳修的族裔，因曾祖欧阳新迁居湖南浏阳，故为湖南浏阳人。元延祐二年（1315），取中进士第三名，曾负责编修《四朝实录》，并担任《宋史》《辽史》《金史》的总裁官。累官至翰林学士承旨。

[2] 所性侄：指欧阳所性。欧阳玄族兄欧阳文寿之子。

[3] 谱亭之行：欧阳文寿邀请欧阳玄为防里（今江西分宜县钤山镇防里村）欧阳氏的族谱作序，欧阳玄此次南归即与欧阳文寿约定在防里谱亭相聚详谈。

[4] 文债日生：欧阳玄善诗文，回乡后邀请他写文的人很多。

[5] 黼（fǔ）黻（fú）：指辅佐。

[6] 薄赆（jìn）：微薄的礼物。赆，赠送行人的礼物。

[7] 俵：散发。

译文

夏天我回乡谒拜祭祀，取道江左，想要乘便去先祖的江西老家祭扫坟墓。计划到防里村谱亭和族人相聚，但路上非常炎热，导致事实与愿望相违，没有去成。我回到家乡以后，应酬繁多，欠的文债一天比一天多。感谢侄儿你来自远方的问候。我身在朝廷，愧为侍从之臣，没有竭尽辅佐之责报答皇帝。皇恩却惠及两代人，又承蒙皇上赐碑，非常荣幸。现在我让仆人老李特地带给你一本赐碑拓片相赠，另外我还准备了一些礼物送给各位族亲，麻烦你来分发，你不要担心每个人礼物分得少，只需考虑是否有遗漏。

我近来身体不好，百病缠身，奉命办事的人又催着我上路回京，我在路上的生活作息未必能自己应付。即使让老仆赶回去，我也难以拖延君主的召见之命。想让他在船上照顾我，所以还是让他暂时留下吧。信就写到这里。

曾国藩：债尚可后偿，赠人之举宜先为

——《禀祖父母》

孙国藩跪禀祖父母大人万福金安：

二月十四，孙发第二号信，不知已收到否？孙身体平安，孙妇及曾孙男女皆好。孙去年腊月十八曾寄信到家，言寄家银一千两，以六百为家中还债之用，以四百为馈赠亲族之用，其分赠数目，另载寄弟信中，以明不敢自专之义也。后接家信，知兑啸山百三十千，则此银已亏空一百矣。顷闻曾受恬丁

艰[1]，其借银恐难遽[2]完，则又亏空一百矣。所存仅八百，而家中旧债尚多。馈赠亲族之银，系孙一人愚见，不知祖父母、父亲、叔父以为可行否？伏乞裁夺[3]。

孙所以汲汲[4]馈赠者，盖有二故。一则我家气运太盛，不可不格外小心，以为持盈保泰[5]之道。旧债尽清，则好处太全，恐盈极生亏；留债不清，则好中不足，亦处乐之法也。二则各亲戚家皆贫，而年老者今不略为佽[6]助，则他日不知何如。自孙入都后，如彭满舅曾祖、彭王姑母、欧阳岳祖母、江通十舅，已死数人矣。再过数年，则意中所欲馈赠之人，正不保何若矣！家中之债，今虽不还，后尚可还；赠人之举，今若不为，后必悔之。

此二者，孙之愚见如此。然孙少不更事，未能远谋，一切求祖、父、叔父作主，孙断不敢擅自专权。其银待欧阳小岑南归，孙寄一大箱，衣物、银两概寄渠处，孙认一半车钱，彼时再有信回。

孙谨禀

道光二十四年三月初三

---

[1] 丁艰：即丁忧。旧指遭逢父母丧事。遭父丧称丁外艰，遭母丧称丁内艰。

[2] 遽（jù）：急，仓猝，骤然。

[3] 裁夺：斟酌决定其去取可否。

[4] 汲（jí）汲：心情急切的样子。引申为急切追求。

[5] 持盈保泰：指处在极盛时要谦逊谨慎以保平安。盈，充满。泰，平安。

[6] 佽（cì）：帮助。

译文

孙国藩跪禀祖父母大人万福金安：

二月十四日我发出的第二封信，不知道是否收到？孙儿我身体平安，孙媳妇和曾孙、曾孙女身体都很好。孙儿去年十二月十八日曾经寄信到家说寄给家里银子一千两，其中六百两为家里还债，四百两馈赠亲戚族人，分送银两的数目我另外写在给弟弟的信中，表明我不敢自作主张。我后来接到家信，知道给了啸山十三万文钱，那这笔银子便亏空了一百两。刚刚听说曾受恬家里有丧事，他借的银子恐怕难以很快付还，这就又亏空了一百两。这笔银子所存仅仅八百两了，但我家旧债还很多。馈赠亲戚族人银两，是孙儿一个人的见解，不知祖父母、父亲、叔父认为可不可行？请求你们做决定。

孙儿之所以急切地赠送银两给亲戚族人，大概有两个原因。一是我家气运太盛了，不可以不格外小心，赠银是持盈保泰的方法。旧债全部还清，那么好处太全，恐怕盈满到极点便转为亏损；留点债不还清，便是美中不足，也是在富乐中生活的办法。二是各个亲戚家里都穷，而年老的如果现在不稍加资助，那以后不知道会是怎样。自从孙儿到了京城之后，如彭满舅曾祖、彭王姑母、欧阳岳祖母、江通十舅，已经有好几个去世了。再过几年，那些我心中想要馈赠的人，还不知道会是什么状况！家里的外债，今天虽然不还，以后还可以还；馈赠银两的事，今天如果不做，以后必定后悔。

这两点是孙儿的愚蠢见解。然而孙儿年轻不懂事，也没有远见，一切事情求祖父、父亲、叔父做主，孙儿绝不敢擅自决定。这笔银子等欧阳小岑回湖南时，我寄回一个大箱子。衣物、银两都寄到他处，孙儿承担一半的车钱，那时再有信送回。

孙儿谨慎禀告

道光二十四年三月初三日

左宗棠：对亲戚以厚待为是

——《与宽勋同》

世延负债甚多，前谕同儿向其询明实数，代为清理。同自禀复一次后迄无一字题及，殊不可解，岂竟置之不顾耶？

昨见方氏侄女婿功渭来信，言满姑已于前年病故，其家计已被次兄荡尽，无以为生。因送李老姨回长沙之便，仲云兄托杨石翁携之西来，为糊口计。见尚未来肃。二伯于庶出之女不甚留心，癸叟母子亦膜视[1]不理。方氏婿于我处向不通候[2]，故其近状无由得知，且俟其来见再说。仕宦而但知积金遗子孙，不过供不肖之浪荡，并其同气[3]亦受其累，可胜慨叹。吾曾向尔辈言，李老姨晚景可怜，当以尔生母意，时加顾恤[4]，岂竟忘之耶？

模十伯穷愁以死，二十缗[5]办丧葬，未免太薄。凡我五

[1] 膜视：轻视。

[2] 通候：互相问候。

[3] 同气：有血缘关系的亲属，指兄弟姐妹。

[4] 顾恤：顾念怜悯，顾怜。

[5] 缗（mín）：穿钱的绳子。亦指成串的钱，一千文为一缗。

服之内兄弟贫苦者，生前之酒肉药饵，身后之衣衾棺木，均应由我分给。否则路人视之，于心何忍？至亲亲之杀[1]，虽有权衡，却以从厚为是。丁叟媳妇之丧，同以百缗应之；十伯之丧，以二十缗应之。可乎？尔辈思之。

余三伯处五百金已受，谢信亦到，我心慰甚。但望其子孙之贤，能承老人欢耳。

译文

世延负债很多，之前已经告诉同儿向他询问确切的数额，代为清偿。同儿向我禀复一次之后再也没有提过一个字，实在让我不可理解，难道就置世延于不顾了吗？

昨天看到方氏侄女婿功渭的来信，说满姑已经在前年因病去世，他们的家产已经被次兄耗尽，无以为生。因为送李老姨回长沙的便利，仲云兄托付杨石翁带他到甘肃来寻找生计，养家糊口。现在还没有到达甘肃。二伯对丁妾生的女儿不太关注，癸叟母子也轻视、不搭理她。方家的女婿与我一向不相互问候，所以无从得知他们的近况，等待他来了见面再说。做官只知道积累财富留给子孙，不过是供不肖子弟任意胡为，而且同胞兄弟也受他连累，真令人感慨叹息。我曾经对你们说过李老姨晚年可怜，应当按照你们母亲的心意时时加以照顾体贴，难道你们竟然忘记了吗？

[1] 亲亲之杀（shài）：亲戚的亲疏或等级，即亲戚关系的远近。杀，减少，降等。

模十伯穷愁而死，用二十串铜钱办理丧葬，未免太少了。凡是我五服之内的贫苦兄弟，他们生前的酒肉药物，死后的衣被棺木，都应该由我来分给他们。如果把他们当作路人看待，于心何忍？至于亲戚关系的远近，虽然我也有权衡，但应该尽可能厚待。丁叟媳妇的丧礼，孝同以一百串铜钱应付；十伯去世，用二十串铜钱来应付。这样可以吗？你们想想。

余三伯那里已经收到了五百两银子，感谢信我也收到了，我心里非常欣慰。只是希望他的子孙贤能，能够侍奉父母。

彭玉麟：按时馈赠以前诸尊长，以慰吾心

——《致弟》

闻弟近置田园，将修养身心。趋柳阴而钓，识濠上[1]之趣；赴桑陌而蚕，知衣帛之贵。非特可耕有砚，临写有池也，大佳大佳。吾人处世，身常劳苦，心常安逸，最善。衡阳雁至，每念故乡。子侄辈肯读书向上，宜时加奖劝。前办乡塾，乃思转移风气，造就人才，使一乡于耕耘贸易之余，处处敦品立行，亦使我之子弟随在观感，敬恭桑梓[2]耳。五舅来书，还嫌客气，请暗中探访用途，资竭时周济[3]之。吾每恨入世太晚，致

[1] 濠上："濠梁（濠水桥梁）之上"的简称。后多用来比喻别有会心、自得其乐的境地。

[2] 桑梓：古代常在家宅旁栽种桑树和梓树，见了容易引起对父母的怀念。后用作故乡的代称。

[3] 周济：在物质上给予帮助；接济。

贵太迟，不能见以前诸尊长提携捧抱我时之欢容笑貌。到此亦按时馈赠，以慰吾心。只剩几位鬓萧齿豁（huō）之老年人，虽时供养，殆润等勺水，而感甚晨霜者矣。

译文

听说弟弟你最近置办了田园，将要用来修养身心。你在柳荫下悠闲垂钓，享受悠闲舒适的情趣；你在路边的桑林养蚕，就知道衣帛的来之不易。并不仅仅是读读书写写字，这非常好哇！我们在社会上活动，身体经常勤劳辛苦，内心经常安闲舒适，这是最好的。衡阳亲友的信收到，常常让我想念家乡。子侄辈能读书进取，应该时常褒奖鼓励。我以前创办私塾，是想着改变风气，培养人才，使家乡人民在耕种、做买卖之外，能注重品德修养，也能让我们的家族子弟能有所观察感受，对家乡抱有恭敬之心。五舅来信，我认为他还是太客气，请你私下里了解下他的开支用度，钱用完时给予接济。我常常遗憾自己入世太晚，取得富贵太迟，不能见到以前各位长辈提携捧抱我时的欢容笑貌。现在也要按时馈赠他们钱物，以让我的心安适。目前只剩下几位鬓毛稀疏、牙齿缺落的老人了，虽然我也给他们按时供给生活所需，那又何尝不是杯水车薪呢！这也让人感到时不我待。

宁乡马氏家训：族党各怀悯恤之心

赈恤困穷，仁人事也，况属一本之亲乎？同宗困苦，置如秦越，最为忍心害理[1]。各随分量，因时赈救。安厝[2]无具助之，则死生沾恩矣；嫁娶无赀[3]给之，则男女戴德矣。族党各怀悯恤之心，众志即有成城之象。酿花可以成蜜，集腋可以成裘，善何如乎！至于孤弱，赈恤之外，有事则尽力维持，外侮则深心捍卫，念切恫瘝[4]，恩铭肺腑。上有以慰宗祖之灵，下有以展同宗之义，族谊不于斯笃乎？

译文

赈济抚恤贫困穷苦的人是仁者应做的事情，更何况是同宗族的人呢？同宗族的人遭受贫穷苦难，却置之不理，这是最残忍和丧尽天良的事情。应根据自己的能力帮忙，在需要时赈济救护。有人待葬、改葬时灵柩无处安放，这时予以帮助，那么死人活人都受到恩惠；有人嫁女、娶妇没有钱财，这时施予金钱，那么无论男女都感恩戴德。如果族人都有怜悯体恤他人之心，那么众志可以成城。采集一朵朵花的花粉，可以制成蜂蜜，收集许多狐狸腋下的皮毛，可以制成裘衣，做善事也是如此！对孤苦衰弱的人，除了赈济抚恤之外，当他们遇到困难就尽力

[1] 忍心害理：心地残忍，丧尽天良。
[2] 安厝（cuò）：因待葬或要改葬而暂将灵柩停放某处。
[3] 无赀（zī）：没有钱财。
[4] 恫（tōng）瘝（guān）：疾痛病苦。

援助，遇到侮辱就尽力维护，关心他们的病痛，他们将把恩惠铭记于心。向上可以告慰祖宗在天之灵，向下可以体现宗族大义，族人之间的情谊难道不会因此变得笃厚吗？

湘乡文氏家训：重视、资助贫穷困苦之人

一、要惜贫困。人谁不想做好人？饥寒所迫，歹心遂生。强者必为盗，懦者必乞丐，甚且妻子出乖弄丑。今人见族房有此三种人，便不好意思，此是一种好心肠。何不充满此心，将朝山[1]修佛的余钱资助他，或与他赀本贸易，或与他佃田耕种。各有职业营生，必不致作此三种人。比朝山修佛的阴功，更现在实落。

译文

一、要爱惜贫穷困苦的人。谁不想做好人呢？但受饥寒所迫，险恶的心思也就产生了。强势的人必定成为盗贼，怯懦的人必定成为乞丐，甚至妻子儿女也出丑丢脸。如今有人看见宗族里有这三种人，便觉得不好意思，这是心肠好的表现。为何不用这种好心肠，将进香参拜、修缮佛像剩下的钱资助他们呢？或者借给他金钱做买卖，或者把田租佃给他耕种。人人有工作谋生，就一定不会做这三种人。比起进香参拜、修缮佛像的阴德，这样的善行在现世更加实在。

[1] 朝山：佛教徒到名山大寺进香拜佛，希望获得菩萨保佑。

湘阴任氏家训：矜恤孤儿寡母

凡孤儿寡妇，为天伦之缺陷，人生之苦境，在外人视之犹加怜悯，况同宗共族，安忍坐视？倘族有孤子孤女不能自存者，当设法扶持，并劝令殷实者设法调剂。其不能嫁娶者，亦当酌量助之。至于妇人之性，最易动摇，彼不幸而失所天[1]，为尊长者，亦当委曲谕[2]以节义之重。更不幸而无子，则宜择昭穆[3]相当者以继之，毋觊其所有而逼之嫁。惟极贫年少而无所归者，度其苦节不可以贞，乃择配以全之。凡此皆善举，亦族谊也。《苏氏谱》云："少而孤，则老者字[4]之；贫而无归，则富者收之。"观此，则矜恤之念当油然生矣。

译文

大凡孤儿寡妇，属于在天然的亲属关系方面有缺陷的人，生活的困苦情形，外人看了都不免怜悯，更何况是同宗族的人，怎么能够忍心袖手旁观呢？如果同宗族有孤儿不能独立生存，应当想办法去扶持他们，并且说服家境殷实的人想办法援助他们。没能力嫁女娶妇的人，也应当量力去帮助他们。妇女的本性，最容易产生动摇。她们若不幸失去丈夫，作为尊长，应当

[1] 所天：旧称所依靠的人。指丈夫。

[2] 曲谕：多方晓谕。

[3] 昭穆：古代宗法制度。宗庙次序，始祖庙居中，以下父子递为昭穆，左为昭，右为穆。

[4] 字：抚养，养育，教养。

委婉地开导她们重视节操。如果更加不幸地没有儿子，那么应当选择辈分合适的孩子过继给她，不要觊觎财产而逼她改嫁。只有极其贫困、年纪小又没归宿的寡妇，想到她守节太苦扭曲天性，这时应当选择配偶来保她周全。凡是这些都是善举，更是宗族情谊。《苏氏谱》上说："幼年失去亲人的小孩，年长的人来养育他；贫穷而没有归宿的人，富有的人来收养他。"看到这些，怜悯抚恤的念头就油然而生了。

益阳姚氏家训：互通有无，接济弱者

仳离[1]中谷[2]，为不遇乎淑人。居处家庭，岂得尽皆乐土？有无缓急，益寡裒多[3]。庶沐周恤之恩，可无鸠鹄[4]之色。若夫红腐[5]坐拥，如秦人视越人之瘠肥；凉薄[6]居心，即升斗若珠宝之珍重。祖宗奚乐有是人，君子不宜有是态。

译文

妻子被抛弃，是因为没有遇到好的丈夫。在家庭日常生活中，怎会都是安乐的时光？要帮助没有生活依靠的人和有急切

[1] 仳（pǐ）离：犹别离。旧指妇女被遗弃而离去。

[2] 中谷：取自《诗经 · 王风》的篇名《中谷有蓷》，写弃妇悲苦无告。

[3] 益寡裒（póu）多：谓移多余以补不足。益，增补。裒，减少。

[4] 鸠鹄（hú）：指久饥枯瘦的人。

[5] 红腐：色红腐烂的陈米。形容钱谷丰饶。

[6] 凉薄：微薄，浅薄。

需要的人，家有余财的人要接济贫困的人。族人如果都蒙受周济和抚恤，便可不再有久饥枯瘦的面色。钱谷丰饶，对待族人却如同秦人看待越人胖瘦般漠不关心；生性凉薄，把一升一斗的米粮视为珠宝般珍贵。祖宗怎会喜欢子孙有这样的人？君子不应当是这个样子。

（三）理财：量入为出，勤俭节约

理财并非现代人的专利，在中国传统社会中，人们同样注重理财，其中最基础的观念就是量入为出，勤俭节约。这种理财观念深受儒家思想的影响，已经深深刻入我们民族的精神图谱，成为我们处理日常生活问题的智慧之一，也是从古到今绝大多数家庭的持家之宝、兴业之基。这种理财观念起源较早，如《易经·系辞》就说："理财正辞，禁民为非曰义。"意思是说，对于财物的管理和使用要正当，禁止民众不合理的开支和浪费，是最合宜的做法。

另一方面，儒家"君子喻于义，小人喻于利"的主张让读书人耻于言利，加之中国古代社会重农抑商氛围浓厚，农业占主导地位，商业不受重视，商人在士农工商四民社会的序列中处于末位。因此，对大多数读书人来说，理财的方式较为单一和保守。

益阳胡氏家训认为理财的根本就在于勤俭节约。胡林翼的祖父胡显韶在世时，生活俭朴，年高七十，总是徒步行走，不愿乘坐车轿。胡林翼的父亲胡达源常从事劳作，勤俭节约，生活朴素。胡林翼也秉持勤俭家风，衣仅求其暖，食仅求其饱，住仅求其安，不喜欢安逸享受。他在出仕之后，在家书中勉励弟弟们努力工作，不要认为自己做了官，生活就应该阔绰。他要求弟弟们克勤克俭，用心经营，力戒铺张浪费。对子侄辈，他也担心他们见惯了繁华，被流俗所影响，以勤俭相劝诫。

晚清重臣左宗棠出身寒微，后来担任陕甘总督，成为封疆大吏，俸禄虽已高达每年两万多两白银，但仍然保持着量入为出、勤俭节约的家风。在率先垂范的同时，他还经常告诫子女要想有所成就，就要从寒苦艰难中做起，多酝酿一代就能多延久一代。次子左孝宽未经请示扩建长沙司马桥老家房屋，他得知后严厉训斥孝宽不要染上铺张浪费的习气。夫人周诒端去世后，他嘱咐儿子从俭治丧，量入为出，不当花费的，即使是一文钱也不可用。时间虽已过去百余年，但左宗棠家书中反映出的理财持家思想，仍具有积极的借鉴意义。

曾国藩：望弟于“俭”字加一番工夫

——《致澄弟》

围山嘴桥稍嫌用钱太多，南塘竟希公[1]祠宇亦尽可不起。湖南作督抚者不止我曾姓一家，每代起一祠堂，则别家恐无此例，为我曾姓所创见矣。沅弟[2]有功于国，有功于家，千好万好，但规模太大，手笔太廓，将来难乎为继。吾与弟当随时斟酌，设法裁减。此时竟希公祠宇业将告竣，成事不说，其星

[1] 竟希公：指曾国藩的曾祖父曾衍胜，号竟希。

[2] 沅弟：指曾国荃，字沅甫，号叔纯，是曾国藩的三弟。

冈公[1]祠及温甫[2]、事恒[3]两弟之祠皆可不修，且待过十年之后再看（好从慢处来）。至嘱至嘱。

余往年撰联赠弟，有“俭以养廉，直而能忍”二语。弟之直人人知之，其能忍，则为阿兄所独知；弟之廉人人料之，其不俭，则阿兄所不及料也。以后望弟于“俭”字加一番工夫，用一番苦心，不特家常用度宜俭，即修造公费，周济人情，亦须有一“俭”字的意思。总之，爱惜物力，不失寒士之家风而已。莫怕“寒村”二字，莫怕“悭吝”二字，莫贪“大方”二字，莫贪“豪爽”二字。弟以为然否？

译文

围山嘴桥我稍微嫌钱花得太多了，南塘竟希公的祠堂也完全可以不建。湖南人中担任督抚的不只是我们曾姓一家，为每代人都修建祠堂，别的人家恐怕没有这样的例子，这算是我们曾家所开创的。沅弟对国家有功劳，对家庭有功劳，他的祠堂千好万好，就是规模太大，排场太大，将来难以为继。我与弟弟应当随时商量，想办法加以裁减。现在竟希公的祠堂即将完工，已经成为事实，不去说了。星冈公和温甫、事恒两位弟弟的祠堂都可以不修建，等过了十年之后再看（好事是慢慢做成的）。至嘱至嘱！

我往年撰写对联送给弟弟，有“俭以养廉，直而能忍”两

[1] 星冈公：指曾国藩的祖父曾玉屏，号星冈。

[2] 温甫：指曾国华，字温甫，曾国藩胞弟。

[3] 事恒：指曾国葆，字季洪，又字事恒，为曾国藩最小的弟弟。

句话。弟弟的耿直，人人都知道；你的忍耐，那就只有我一个人知道了。弟弟的廉洁，人人都能意料；你的不节俭，却是我未能料到的。以后希望弟弟在“俭”字上下一番功夫，用一番苦心，不但家里日常开支要节俭，就是维修建设的公费，接济他人、人情往来，也应该节俭。总之，爱惜物力，不失掉寒士的家风，不怕别人说你寒碜，也不怕别人说你悭吝，不贪图别人夸你大方。弟弟认为对吗？

左宗棠：丧葬自今以后均得从俭

——《与孝勋孝同》

尔大嫂出殡暂厝日期均已得知，一切典礼有加，费用过耗。知尔等深念亡兄久逝，诸孤幼小，不得不从厚以求其心之所安。又以与兄异母，悠悠之口最易指摘生端，宁从其厚，俾免借口。故虽多有所费，不得复吝，我亦能为尔等原之。惟心所谓非者究不可隐，姑为尔曹[1]一言。

丧葬从先祖，不使有加焉。经常之制，与其奢，毋宁俭也；与其易，毋宁戚也。然三鼎五鼎先后各殊，葬以大夫，祭以士，权宜亦异，过犹不及，均之谬也。尔亡兄生前差足与上士等，则嫂之丧只可从其夫，不得逾越；况吾又健在，以古制言之，则不成丧也，所有典礼以薄为是。尔曹推爱兄之念以及其嫂，按五品命妇之礼行之犹无不可。若以多费为荣其兄嫂，

[1] 尔曹：你们这些人。

此世俗之见，于礼为缪。吾本寒生，骤致通显[1]，四十年前艰苦窘迫之状今犹往来胸中。汝祖、汝祖母病剧时，求珍药不得，购东洋参、高丽参数钱，蒸勺许以进。丧葬一切竭诚经理，不过二百数十两。而所举之债直至壬辰乡闱获隽[2]乃克还款。今汝兄嫂医药丧葬之费不翅[3]十倍过之，尔曹以为如此庶几理得而心安，自我视之，则昔时不得十一以奉吾亲者，今什倍以贻吾子若妇，于心何以为安？徒怛痛耳。自今以后均得从俭，不得援照尔兄嫂往事为例。此纸可装订成册，以示后人。

译文

你们大嫂出殡埋葬的日期，我都已经知道了，总的来说典礼规格过高，消耗的钱财过多。我知道你们深深地哀惜兄长已经去世很久，他的孩子又年纪很小，你们不得不厚葬而求得心安。又因为你们与去世的兄长是同父异母关系，众人的言论最喜欢挑错误、惹争端。你们宁愿厚葬，避免被人说三道四。所以大嫂的葬礼虽然花费许多，也不能舍不得钱财，我也能体谅你们的做法。只是我心中认为错误的事情终究不能视而不见，姑且为你们说一说其中的原因。

丧葬一般按照先祖的常制进行，不能随便增加。通常的制度，与其奢华，不如节俭；与其简易，不如悲伤。然而三鼎五鼎的葬礼、祭祠规格先后不同，丧葬时用大夫之礼，祭奠时用

[1] 通显：谓官位显贵。
[2] 获隽：会试得中。亦泛指科举考试得中。
[3] 翅：通“啻”。止。

士人之礼，变通实行的措施也不同，做事过了头和做得不够都是不好的，这些都是错误的。你们的亡兄生前身份差不多与上等的士人等同，你们大嫂的丧葬只能跟从她丈夫的规格，不能够逾越；况且我还健在，按古代的规制来说，这并不能算成人的丧礼，因此所有典礼应尽量简薄。你们把对兄长的情感与怀念推移到你们大嫂身上，按照五品命妇的礼仪举行葬礼，也不是说不可以。但是如果用过多的花费来显耀你们的兄嫂，这是世俗之人的看法，对于礼制来说则是错误的做法。我本是一个贫寒的书生，突然做到高官，四十年前艰难窘迫的遭遇和状况，如今还在我心中不断回想。在你们的祖父、祖母病情严重的时候，我无法得到珍贵的药材，只能购买数钱东洋参和高丽参，将它们蒸煮匀许，再给他们喝下。你们祖父、祖母的葬礼也是由我竭尽全力操持的，也不过花费两百多两银子。葬礼所欠下的债务一直等到我在壬辰年乡试中举之后，才完全还清。现在你们的兄嫂用于治病和丧葬的费用不止超过了当时的十倍，你们以为如此做，或许可以心安理得，但在我看来，当年拿不出十分之一的钱财侍奉双亲，如今却把十倍的钱财用在我的儿子和儿媳身上，我怎么能心安呢？只能忧伤、心痛罢了。从今往后，我们家要一切从俭，不能够再援引你们的兄嫂的事情作为例子。这一封信可以订装成册，给后代子孙看。

胡林翼：望以“俭”字示范子侄辈

——《致枫弟》

保弟[1]在此，极佳。每遇疑难事，辄相商酌[2]，故不致闹出笑话。兄初到仕途，惧卤莽足以偾事[3]，常小心翼翼，以“慎”字自勉。吾弟在家主持一切，望以“俭”字示范子侄辈。吾家虽非富有，而子侄辈眼见繁华，难保不为习俗所移。若常常以奢侈相戒，庶不致吃惯、穿惯、用惯，养成惰民也。

译文

保弟能在我的身边，真的是太好了。每当碰到疑惑难解的事情时，我就和他一起仔细思量，因此不致闹出笑话。哥哥我刚步入仕途，害怕自己的莽撞会将事情搞砸，于是经常小心翼翼，用“慎”字来勉励自己。现在弟弟你管理着家中大大小小的事务，希望你能做到节俭，让家族中子侄辈以你为榜样。我们家境虽不算富有，但是家族中的子侄辈在见识了繁华的场面后，难保不被社会上的风俗习惯所影响。如果常常告诫他们不要奢侈，家中子孙或许不会在吃穿用度上养成肆意挥霍的习惯，变成不务正业的游民。

[1] 保弟：即胡保翼，字子钦，是胡林翼堂弟。

[2] 商酌：商量，斟酌。

[3] 偾（fèn）事：败事。

益阳习氏家训：节以制度

《易》曰："节以制度，不伤财。"《春秋传》曰："俭，德之共也。"每见乡邻间父老悃愊[1]而无华，子弟奢淫而纵欲，数十年间而前后风气之殊已若此，过此以往，又当何如耶？因立节俭一则，以备家训，缕其目亦有四焉：

一、嫁娶。朱子曰："嫁女择佳婿，毋索重聘；娶媳求淑女，勿计厚奁。"近世门第相高，侈靡相耀，至有负债鬻（yù）产以为礼者。一酒席而破万钱之费，一迎送而备百两之仪，壮目前之观瞻，贻日后之匮乏，究何益乎？我族有嫁女娶妇者，返积习，屏繁文，是所望也。

一、居室。庇身以居室为重。风雨穿漏而仰叹，兄弟析产而分居，改旧更新，势所必尔。然或大兴土木之工，穷极奂仑之美，无论目前不免支绌，即绰有余裕，而后人苦于修理，则华丽之过，即颓败之根也。且屋宇既华，则其中铺设器玩，亦必穷工极巧，甚至逾礼越分而不自觉。故居室惟求内外整洁，不必过为华侈也。

一、衣服。服以章身，人所必不能无者。但恐过于侈靡，转相仿效。见人之锦绮，而觉布帛之无色；见人之狐貉，而觉缊袍之不温。至女服奇邪，金钗珠翠，装妍尽态，徒以徇一时之好尚，而资财亦荡然矣。力挽靡风者，可不于被服留意乎？

[1] 悃（kǔn）愊（bì）：至诚。

一、饮食。民之失德，干糇以愆[1]。乡邻姻娅[2]之款洽，吉凶庆吊之往来，是固人情所难已者也。但居常园蔬适口，不必市山海之珍。即偶尔肴馔宜丰，亦岂容方丈之列？计一岁中多费数十金易，节省数十金亦易。近见乡先辈贺凤梧[3]先生有《还朴约》，谢云槎[4]先生有《崇俭编》。虽积习难于骤返，而渐从简约，谅不至获戾于宾朋，而保家之要道在是矣。

译文

《周易》说："用制度来节制，就能不浪费资财。"《春秋传》说："节俭是最大的美德。"经常看见乡邻间父老诚实朴素，而子弟却奢侈淫逸、放纵欲望，数十年间的前后风气差别之大已经是这样，今后又会变成什么样呢？因此立"节俭"一则，用来完备家训，梳理它的条目有四点：

一、嫁娶。朱子说："嫁女儿要选择品行好的女婿，不要去索取贵重的聘礼；娶媳妇要追求贤淑的女子，不要去计较嫁妆的多少。"近来各家相互攀比门第，以铺张奢侈相互夸耀，甚至有借债、变卖家产以成礼的人。一场酒席就花费万余钱，一次迎送就要准备百两银子的礼金。当下看起来很阔气，却让日后财物匮乏，究竟有什么好处呢？以后我族有嫁女儿、娶媳妇的

[1] 干糇（hóu）以愆（qiān）：粗食招待的罪过。糇，干粮。愆，过失。

[2] 姻娅：泛称有婚姻关系的亲戚。

[3] 贺凤梧：字松涧，明益阳人。授陕州判官，谢归构城南山房讲学。

[4] 谢云槎：即谢最淳，字东旸，号云槎，清益阳人。乾隆四十三年（1778）进士，官浙江西安、广东封川知县。

事情，要改变长久以来形成的习惯，除去烦琐的礼仪，这是对你们的期望。

二、居室。庇护身体以房屋最为重要。房屋漏风漏雨让人无奈，兄弟分家分开居住，这时拆掉旧房建造新房是形势发展的必然。然而有的人大事兴建，土木工程很大，极其富丽堂皇，目前难免资金紧张姑且不论，即便是资金富裕，后人也会为维修而苦恼。如此说来，太过华丽就是颓败的根源。而且房子太过华丽，那么房屋里铺陈摆设的器物也必须非常工巧，甚至超过了礼制都不知道。因此房屋只要求内外整洁，不需要过于华丽奢侈。

三、衣服。衣服是用来遮蔽身体的，人不能没有衣服。但是过于奢侈，恐怕就会相互效仿。见到别人穿着华丽的丝绸，就觉得自己穿的布帛颜色单调；见到别人穿狐貉的皮裘，就觉得自己的棉袍不暖和。至于女子，穿着奇装异服，头戴金钗珠翠，装扮美丽到了极点，仅仅为了追求一时的喜好和风尚，而耗尽资产财物。尽力挽回奢靡风气的人，可以不在衣服上留意吗？

四、饮食。人们失去交情，是因为饭菜招待不周全。与乡邻和姻亲关系融洽，有喜事、丧事时前去庆贺、吊唁，这本来是人情难以避免的。但是平时家居就吃菜园里的蔬菜，不必买山珍海味。即便偶尔菜肴应当丰盛，也不能摆满一大桌。算起来，我们一年之中多花费数十两银子很容易，节省数十两银子也很容易。近来乡里的先辈贺凤梧先生有《还朴约》，谢云槎先生有《崇俭编》。虽然人们长期以来形成的习惯难以突然改变，但渐渐变得简约，估计不至于得罪宾客和朋友，而保住家业的重要方法就在“还朴”和“崇俭”。

宁乡王氏[1]家训：节省养己之廉节

用度必须节省。每见少年侈费，自谓豁达，其实此等人在家则必为荡子，在仕则必为贪官，滥用者必滥取也。我子孙切勿侈费，可以养己之廉节，可以防家之不虞。且衣食亦宜节俭。昔孝感屠艾山年伯，身为巡抚，曾一缎袍着三十年。赵武进都宪、陈榕门相国皆每食只用二簋[2]，此皆我所亲见者，可师也。

译文

开支必须要节省。经常看见少年奢侈浪费，还自称行为豁达，其实这种人在家必定是败家子，入仕就必定是贪官，因为胡乱花钱的人必定也会无节制地索取。我们家族的子孙千万不要奢侈浪费，这样可以养成自身清廉的节操，可以预备家中的突发情况。并且衣食也应当节俭。从前孝感的屠艾山年伯身为巡抚，曾经一件绸缎做的袍子穿了三十年。赵武进都宪、陈榕门相国每餐都只吃两盘菜，这些都是我所亲眼见过的，值得我们效法。

[1] 宁乡王氏始祖为王弼，明代洪武年间任辽东指挥。其子王辅获封怀远将军，奉旨屯长沙卫，安置在宁乡铜瓦桥。王氏十五代王文清，雍正二年（1724）进士及第，曾任岳麓书院山长。

[2] 簋（guǐ）：中国古代食器。

浏阳寻氏家训：俭以养廉

一、崇俭。俭以养廉，古训具在。今则眷属之服饰，宴客之酒肴，戚好之馈赠，以及婚嫁庆吊之仪文，踵事增华[1]。富者倡之，贫者效之，故终岁所费之数，亦足抵中产收益之额。惟其用费浩繁，恒苦不足，至使远道亲朋经岁不相往还，成年子弟过时每多怨旷。且有薄洗腆[2]而厚称觞[3]，恶含殓而美释奠者，不求实益，专尚虚文，共知其非，群以为苦。若有迫于势之不能不如是者，此无非以世俗之耳目累之也，是宜矫之以节。族之人凡冠婚丧祭，务宜称家之有无量入为出。举凡世俗中一切争相仿效之艳习，在所必禁；人事上一切牢不可破之繁文，在所必革。各以俭约相持，人狐裘而我蕴袍[4]之，人膏粱而我藜藿[5]之，我不以他人为风气，而他人自以我为风气。由是转移积习，既无虚靡之费，又无浪耗之资，庶侵侵乎家给人足，日企敦庞[6]矣。

译文

一、崇俭。节俭可以培养廉洁，古训上是这样说的。现在家属的服饰、招待客人的酒肴、亲戚之间的赠予，以及婚嫁吊

---

[1] 踵事增华：原指继承前人事业而使之更美好完善。
[2] 洗腆：指用来孝敬父母或款待客人的洁净丰盛的酒食。
[3] 称觞：举杯祝酒。
[4] 蕴袍：以乱麻为絮的袍子。古为贫者所穿。
[5] 藜藿：指粗劣的饭菜。
[6] 敦庞：丰厚，富足。

唁的礼金，都在变得越来越奢侈。富裕的人倡导，贫穷的人效仿，所以一年所耗费的钱财相当于中等家庭所有的收入。因为花费繁多，所以常常苦于资金不足，导致路途遥远的亲戚朋友长年不相来往，成年子弟年纪大了还不能婚嫁。有的人平日慢待父母，父母寿辰却大操大办；有的人在亲人入殓时草草处理，祭奠时却准备丰厚。他们不追求实际效益，却注重毫无意义的礼节。大家都知道这样是不好的，都因此苦恼。如果有人迫于形势不能不这样做，无非是被世俗的眼光和说法所拖累，我们应当用节俭来矫正这种行为。家族里的人凡是要举办冠礼、婚礼、丧礼和祭礼的，务必要根据家里的经济情况，量入为出。凡社会上一切让人争相仿效的奢侈习俗，都应该禁止；请托应酬时一切牢不可破的繁复礼仪和文辞，都应该革除。每个人都应当坚持勤俭节约，别人身穿狐裘，我们穿棉袍就可以了；别人大鱼大肉，我们粗茶淡饭。我们不把他人的做法当作风气，他人自然会把我们的做法当作风气。像这样改变积累的陋习，既没有奢靡的花费，也不会白白浪费钱财，渐渐地就会家家富足，人人饱暖，家底也将日益变得丰厚。

湘乡吴氏家训：崇俭约

胡文定公曰："人虽一切世味，淡泊方好，不要有富贵相。"诸葛武侯曰："俭以养德。"朱子曰："饮食，天理也，要求美味，人欲也。"汪信民曰："人常咬得菜根，则万事可作。"赵彦彬曰："官卑清自尊，俸薄俭常足。"李东阳曰："节用度如闸河然，节一分则有一分之用。”张文节公曰：“由俭入奢易，由奢入俭难。”唐太宗曰：“知稼穑之艰难，则常有斯饭矣。”司马温公曰：“凡为家长，制财用之节，量入以为出，以给上下衣食及吉凶之资，裁省冗费，禁止奢华，常须稍存赢余，以备不虞。”又曰：“吾平生衣取蔽寒，食取充腹。”李文节公曰：“予素不吃斋，每早盐菜送粥，亦以省中馈一飧之劳耳。午用荤酒六七杯，沽而不酿。留客不请客，客至以常饭待之。晨不荤，午不酒，不为客变迁也。予久行此，客无怪，予亦不怕怪。”柳玭曰：“高侍郎兄弟三人，俱居清列，非速客不二羹胾[1]，夕食龁卜匏而已。”《文雅社约》[2]曰：“仕宦居乡，百凡炫耀，所谓众皆悦之，其为士者笑之也。”范鲁公戒从子曰：“举世贱清素，奉身好华侈。肥马衣轻裘，扬扬过闾里。虽得市童怜，还为识者鄙。”此一节言崇俭约。

译文

胡文定公说：“世间一切滋味，人只有看淡看轻才好，不要有富贵的样子。”诸葛武侯说：“节俭有助于养成美德。”朱子说：“正常的饮食是天理，要求美味是人欲。”汪信民说：“人如果能忍受经常以菜根为食，那就什么事都做得成。”赵彦彬说：“官职虽然低微，清廉就会自然尊贵；俸禄虽然微薄，节俭就能经常富足。”李东阳说：“节省开支就像河中的闸门，节省一分

[1] 胾（zì）：切成大块的肉。

[2]《文雅社约》：明沈鲤撰。鲤字仲化，归德（今河南商丘）人。

就有一分的用处。”张文节公说：“从节俭到奢侈容易，从奢侈到节俭困难。”唐太宗说：“懂得农事的艰苦劳累，就会常有饭吃了。”司马温公说：“凡是做家长的，要规划财物用度，计量收入的多少来决定支出，以便供给家族中老少的衣服食物以及婚丧嫁娶的花费。裁减、节省多余的费用，禁止奢侈豪华。平常应当有些存款，以备料想不到的情况。”又说：“我平常穿衣服只求抵御寒冷，吃饭只求吃饱肚子。”李文节公说：“我向来不吃斋，每天早上咸菜配粥，也可免去家中供应一顿饭食的劳苦。午餐吃荤食和酒水六七杯，买酒而不酿酒。挽留客人吃饭但不外出宴请客人，客人到了用平常的饭食招待他。早上不吃荤食，中午不喝酒，不因为客人的到来而改变。我长期这样做，客人就不会怪罪，我也不怕被客人怪罪。”柳玭说：“高侍郎兄弟三人，都位居高官，不请客就只有一道荤菜，晚饭就吃萝卜和匏瓜而已。”《文雅社约》说：“当官的人居住在家乡，加倍炫耀，以为老百姓很羡慕，其实被有知识的人笑话。”范鲁公告诫侄子说：“世上的人都看不起清贫朴素的人，都喜欢用豪华奢侈来养身。那些骑肥马、衣轻裘的人，得意洋洋地从街上经过，虽然让小孩子羡慕不已，但是被有见识的人所鄙视。”这一节说的是崇尚勤俭节约。

沅江汪氏家训：家业皆由勤俭中来

先哲曰：“俭以养廉，勤能补拙。”又曰：“贵自辛勤得，富从俭约来。”祖宗家业皆由勤俭中来。子孙享家业，未可忘其勤俭。一茶一饭，当思来处不易；半丝半缕，恒念物力维艰。世未有俭朴而家不兴，亦未有辛勤而家益落者，更未有奢侈而家仍兴盛，居常怠惰而家不肃条者。是故雨泽过润，万物之灾也；逸乐过节，忧劳之渐也。“勤”“俭”二字，乃做家长者之主持家政第一良法。但勤须节劳，过劳损身；俭忌其啬，鄙啬近刻。世间最有受用，是一“闲”字，然“闲”字要从勤中得来。若一懈怠，诸事都废，方寸中定有许多牵挂，何处讨个“闲”来？世上最讨便宜，是一“勤”字，然“勤”字要从“闲”中做出。若一扰乱，动手即错，一件事决费无数周折，勤也济不得事。俭也，勤也，善用之乃有济。

译文

前代有才能的人说：“节俭可以培养廉洁，勤劳能够弥补笨拙。”又说：“高贵来自辛苦勤劳，富足源于俭省节约。”祖宗的家业都是从勤俭中得来的。子孙享受家业，不可以忘记祖宗的勤俭。一杯茶一碗饭，应当想着来之不易；半根丝半条线，也要记得生产艰难。世上没有生活俭朴却家业不兴旺的，也没有辛苦勤劳而家道日益衰落的，更没有奢侈无度而依旧兴盛，平时懒惰懈怠而家业不萧条的。因此，雨下得过大，就要给万物带来灾害；安逸享乐超过限度，忧患劳苦就会到来。“勤”“俭”两个字是做家长的人主持家族事务的第一良法。但是辛勤需要节制，过度劳作会损伤身体；节俭切忌吝啬，过度吝啬会近于刻薄。世间最让人得益的是一个“闲”字，然而“闲”字要从辛勤中得来。一旦懈怠，所有事情都会荒废，心中一定会有许多牵挂，从哪里讨得到一个“闲”来呢？世界上最能获得益处的是一个“勤”字，然而“勤”字要从“闲”中做出来。人的心思一旦被扰乱，动手做事情就会犯错，一件事情要多费无数的周折，辛勤也难以济事。俭和勤，要善于使用才会有好处。

宁乡、益阳胡氏家训：俭为美德

崇尚俭约。无论家赀贫富，皆须知俭为美德。朱子云：“一粥一饭，当思来处不易；半丝半缕，恒念物力为艰。”是说所以当俭的道理。又曰：“自奉必须俭约，宴客切勿流连；器具质而洁，瓦缶胜金玉；饮食约而精，园疏愈珍羞。”是明示以当俭与能俭的好处。世有以余财生淫侈者，越礼犯分，触刑辟[1]而不知。若省得来作些济人利物的事，使后世子孙常享不尽，岂不是好？更有无而为有，虚而为盈者，取快目前，后将不继，以致流落不堪。为乞儿，为贼人，若辈居其大半。此圣人所以说宁俭毋奢。惟一二守钱虏以有用之物，积于无用，则不得以此借口也。

译文

崇尚俭约。无论家中贫困还是富有，都应该知道节俭是美德。朱熹说：“一顿粥一顿饭，应当想着来之不易；半根丝半条线，也要记得生产艰难。”这说的是之所以应当节俭的道理。又

[1] 辟：法律。

说："自己在生活上必须节俭，宴请宾客不要流连忘返；器皿质朴而干净，那么即使是泥土做的瓦器，也比金玉制作的要好；饮食简约而精美，虽是菜园子里的果蔬，也胜过珍馐美味。"这是明确表示应当节俭和能够节俭的好处。世上有因为有多余财产而极度浪费的人，他们僭越礼仪，冒犯名分，触犯了律法而不自知。如果把省来的钱财做一些救助别人、对世人有益的事情，使后世的子孙常常享受不尽的阴德，岂不是更好？更有人没有钱而装作有钱，缺少钱而装作有很多钱，他们获取了眼前的快乐，后来却不能继续下去，以至于穷困潦倒，漂泊流浪。做乞丐，做小偷，像这样的人占了一大半。这也是圣人说宁可节俭也不要奢侈的原因。只是个别的守财奴积累财富而不去使用，不能把俭约当作借口。

平江萧氏家训：俭约，持家之道也

俭约，持家之道也。当安布帛菽粟之常，守恬淡家风之素。今人宫室、车马、衣服、饮食、器用，一切繁华，不可枚举。姑以一二事言之。如嫁女婚男，两家各争体面，亲迎[1]之日，妆奁[2]甚至数十抬不等。予谓止要一抬好，则千万抬有之。此虽无害于义，而伤财耗用，不必效也。孟之椎髻荆钗[3]，戴

[1] 亲迎：古代婚礼"六礼"之一。新婿亲至女家迎娶。

[2] 妆奁（lián）：梳妆用的镜匣。

[3] 荆钗：荆枝制作的髻钗。古代贫家妇女多用之。

之练裳竹笥[1]，千古美之。至若吉凶等礼，亦宜燕饮如约。朱子云：“园蔬愈珍馐，瓦缶胜金玉。”《记》曰：“诸侯无故不杀牛。”以其非郊祀不敢用，非天神不敢歆也。今人肆筵设席，动宰太牢，不惟暴殄天物，抑且违制僭儗[2]，岂非伤元气，减福泽耶？总之，家贫当安俭朴，富厚尤宜节省，若有赢余，此外更多义举。又有家赀（zī）稍裕，尤富室相竞，以有限之物力，供无穷之侈汰，未几力疲财尽，产业转以售人。亦有乡中子弟出入屠沽，非市非朝，延请梨园，流连扮戏，荡费赀财，荒误耕读。又以禳灾祈福为名，敛掠钱谷，[操]弄傀儡。如此之类，悉宜除之。

译文

勤俭节约是保持家业的方法。应当安于穿布帛吃粟米的日常，坚守恬静平淡家风的本色。如今众人的房屋、车马、衣服、饮食、器皿等，所有的都很浮华，不能够一一列举，姑且用一两件事来说明。比如女子嫁人、男子娶亲，两家人争着要面子。迎娶新娘的日子，有时嫁妆甚至多达数十抬。我说只要一抬就好，那么千万抬都会有。这虽然对大义没有损害，但是耗费钱财，不必效仿。东汉的孟光用荆枝作钗，戴良用朴素的衣裳和

[1] 戴之练裳竹笥：戴指东汉戴良，字叔鸾，汝南慎阳（今河南正阳县）人。戴良的五个女儿都贤德。戴良择婿不问贵贱，只要为人贤能便应允成亲。粗裳布被、竹笥木屐这些，便是陪送的嫁妆。后因用为女子贤德安贫出嫁的典故。

[2] 僭（jiàn）儗（nǐ）：越分妄比。

竹筒作为女儿的嫁妆，千古以来被人赞美。至于吉礼和凶礼等，宴饮也应该节约。朱熹说："菜园子里的果蔬胜过珍馐美味，泥土做的瓦器比金玉制作的要好。"《礼记》说："诸侯没有原因不得杀牛。"是因为如果不是郊祀不敢用牛，如果不是天神不敢享用牛。如今的人大肆摆设筵席，动不动就宰杀牛羊，不只是暴殄天物，并且还违背礼制，僭越名分，这难道不会伤了元气、减少福报吗？总之，如果家中贫困，应当安于俭朴；家财丰厚，尤其应该节约，如果还有剩余，此外便可多做一些善事。有的人家财稍微丰裕，就像大户人家一样互相攀比，用有限的物力去满足无穷的奢欲，没有多久就财产散尽，产业转手卖给他人。也有乡中子弟以宰牲和卖酒等贱业为生，不是商人也不是官员，请戏子表演，流连于化妆演戏，耗尽财产，耽误了耕作和读书。又有人以去除灾祸、祈求福祉为名，大肆骗取钱财和米谷，操弄傀儡。这样的行为，都应该戒除。

经世篇

事冗不知筋力倦，官清赢得梦魂安。

——周敦颐《任所寄乡关故旧》

一、“以民为本，天下为公”的从政观

（一）清廉勤政，慎以处事

所谓廉政，是指官员在行使职权时，遵守法律、清正廉洁、不贪污受贿、不徇私情，以公正、公平、公开的方式处理政务，维护社会公正和公平。廉政文化是中国传统文化和中国古代政治文化中的重要组成部分，也是中国进行现代廉政建设的重要思想资源。它强调诚实、正直、公正、廉洁、勤政等品质。

廉洁勤政是中华民族的优良传统。在中华民族五千多年的悠久历史文化中，清正廉洁的思想源远流长，古圣先贤都把廉洁勤政作为治国、平天下的根本，用毕生去追求，甚至不惜用生命来坚决捍卫。可以说，廉洁勤政作为民族的精神符号，已植根于国人的内心深处，成为人们为官处世的原则。

清明的政治是化育百姓的前提。屈子爱国廉洁的志行与周敦颐清廉的操守是湖湘文化精神的源头，是湖湘廉吏群体的先驱。他们做人做官，节欲以清心，善政以安民，以清白的操守示人，在无形中起到醇化风俗的作用，留给后世最好的精神财富。明代末年常德人杨嗣昌为官无私坦荡，坚守规矩底线，累官至礼部尚书兼东阁大学士。他为官廉洁奉公，刚正不阿。这与其父亲的教导和严谨的家风有关。他在《与父书》中总结父亲有两个“干净处”：一是手头干净，没有不义之财；二是心肠干净，没有害人的想法。清代廉吏典范安化人陶澍为官清正廉洁，治家也保持耕读并重的淳朴本色，不为子孙置办产业，培育出良好家风。他告诫家族中的管家之人不要将自己的产业转买于我，以免人言。他以克己自立、正人先正己的精神训导家族子弟持身守正，做到清廉勤政。彭玉麟一生清正廉洁，坚持“不要官、不要钱、不要命”。他与曾国藩探讨为官如何做到无愧于心，曾氏告以“清”“慎”“勤”三字。彭玉麟遂终身谨守，视之为座右铭。他两袖清风，处事能干，居上位不骄，得到朝野上下的一致好评。曾国藩在担任湘军统帅时，几个弟弟也都统军一方，家族可谓鼎盛兴旺。但是他叮嘱弟弟要设法自我“刮平”。他写信告诉弟弟自我刮平的道理也不外乎“清”“慎”“勤”三字。后来他把“清”字改为“廉”字，“慎”字改为“谦”字，“勤”字改为“劳”字，体现了他清廉奉公、慎以处事、勤政爱民的为官之道。

周敦颐：事冗不知筋力倦，官清赢得梦魂安

——《任所寄乡关故旧》

老子生来骨性寒[1]，宦情不改旧儒酸[2]。

停杯厌饮香醪味，举箸常餐淡菜盘。

事冗不知筋力倦，官清赢得梦魂[3]安。

故人欲问吾何况，为道舂陵[4]只一般。

译文

我生来就是一副硬骨头，虽为官数载、宦海沉浮，但依然不改读书人清高之态，洁身自好。

在生活中，我不喜好香醇的美酒，吃饭时有清淡的素菜就感到满足。

在工作上，虽然事情冗杂，但仍倍感精力充沛，不知疲倦。我清廉为官，胸怀坦荡，夜晚就能安然入睡，梦魂受不到惊吓。

故乡的亲朋好友如要了解我的境况，我想说永州对我来说和别的地方一样，让人平和安乐。

[1] 骨性寒：犹有傲骨，指不与世俗同流合污。

[2] 儒酸：犹寒酸。形容读书人贫窘之态。

[3] 梦魂：古人认为人的灵魂在睡梦中会离开肉体，故称“梦魂”。

[4] 舂（chōng）陵：指周敦颐做官的地方永州。

杨嗣昌[1]：手头干净，无有孔方；心肠干净，无欲害人

——《与父书》

儿因边烽处分之旨未下，尚未大坐出门。闲中将大人[2]写来家书，自霸州至今，止表出一百五十余幅，真正可爱之极！要分三大册，将来与三儿为传家之宝。千秋万世而后，则传世之宝也。又割零星小幅，表作小册，可以自玩，可以送人，如法帖一样。断章取义，尤为妙绝。儿尝言吾家家书是人可看，有两件干净处：一件是手头干净，无有孔方；二件是心肠干净，无欲害人。

儿一头表，一头看，欢喜赞叹。推原到此，岂惟人人可看，虽进呈御览可也。所以大人前经患难，履险如彝。儿今身在危疆，径与边烽作对，处之泰然，不甚忧惧，亦或赖有此耳！孙闾阳年伯尝说："孔子一生不过是'干净'二字。"儿问："怎的见得？"他说："秋阳以暴之，你看干不干？江汉以濯之，你看净

[1] 杨嗣昌（1588—1641）：字文弱，湖南常德人。万历三十八年（1610）中进士后累官至兵部尚书、礼部尚书兼东阁大学士。著有《杨文弱先生集》《武陵竞渡略》《野客青鞋集》《地官集》等。

[2] 大人：指杨嗣昌之父杨鹤（？—1635）。明崇祯二年（1629），总督陕西三边军务，对农民起义军采招抚策略。因起义军抚而复反，崇祯四年（1631）下狱，后杨嗣昌三次上书请求代父受罪，得免一死。

不净？”[1]此语亦恰好逗凑书上大人，聊一解颐[2]。

儿因表家书，又次及于朋友，或肝胆臭味之言，或风流蕴藉之语，俱表存之。大人家书尝言，常不轻菩萨[3]，一切不敢轻慢。儿此心不敢轻慢于人，或者人未之知也。但孔方溃乏，不能致敬尽礼，恐难免轻慢之疑。大人出此书与里中诸老一粲[4]，何如？

译文

因皇帝对边境战事的处分旨意还没有下达，孩儿尚未正式出门。空闲中将父亲您从霸州到现在写的一百五十多封家书装裱起来，真的非常可爱！孩儿准备将其装订为三大册，将来给我的三个儿子作为传家之宝。千秋万世之后，就是传世之宝了。我又将零碎的小幅家书拆分下来装裱成小册子，可以自己赏玩，也可以送给别人，就像字帖一般。从家书中单独择取一段话来体会它的意思，尤其精妙。我曾经说过我们家的家书是人人都可以看的，有两个很干净的地方：一个是手头干净，没有铜臭

[1] 语出《孟子·滕文公上》。孔子过世后，子夏、子张、子游认为有若有些像孔子，想用过去敬奉孔子的礼节敬奉他，并让曾子也参与，曾子说道：“不可。江汉以濯之，秋阳以暴（pù）之，皜（hào）皜乎不可尚已。”意为圣人高远，就像东西被长江和汉水洗濯过，又在烈日下曝晒过，纯净无匹，一般物品怎么比得上。

[2] 解颐（yí）：开颜欢笑。

[3] 常不轻菩萨：释迦牟尼佛的前世，是恒常不轻视他人、修尊重行的菩萨。

[4] 粲（càn）：露齿笑。

味；第二是心肠干净，没有害人的想法。

我一边装裱家书，一边看里面的内容，心中欢喜，赞美感叹。推究本原到此，岂止人人都可以看，即便是给皇上看也是可以的。因为干净，之前父亲您经历患难时得以平安度过。现在孩儿我身处危险的边疆，直面边境的战事，却沉着镇定，不怎么担心恐惧，也可能是依靠这个呀！孙闾阳年伯曾经说过："孔子的一生用'干净'两个字就可以概括。"我问他："从哪里可以看出来呢？"他说："被烈日曝晒过，你看干不干？被长江和汉水濯洗过，你看净不净？"这几句话也正好作为趣事写给父亲看看，博您一笑。

孩儿因装裱家书，又看了朋友的来信，有的是肝胆相照、志趣相投之言，有的是风雅潇洒、才华横溢之语，都装裱留存下来。父亲在家书中曾经说过，常不轻菩萨对一切都不敢傲慢轻视。孩儿在心中也不敢对人傲慢轻视，或许人们都不知道。但是因为没有什么钱，不能够用丰厚的礼品表达敬意，恐怕难免有态度傲慢的嫌疑。父亲您将这封信给家中诸位老人看看，大家一起开心，怎么样？

陶澍[1]：管家者不可将己之产业转买于我

——《与族人书》

从前接照轩兄有书谆谆言及，管家之人，切不可将自己之业转买于我，以免人言。即如颍川兄从前不遇[2]，移业就业，本无利之事，而且留口实。子扬则屡有此举，亦系迫于时势，不得已而然，人且非之。足见我照轩大兄老成见到之言，极为有识。此书至今收存，以表我大兄关爱之意至为深切著明[3]也。又我大兄与颍川照管时立有承管家务字一纸，亦系克己自立、正己以正人之意，可为关爱照料者之法。昨经捡出，交十一弟带回，给贤侄等销毁。但此等均系至诚切己[4]，立此字以正己，即可以此晓谕[5]外人秉正不阿，不但于我得其所托，而管家之人亦免于纷扰从众也。如我贤侄辈为我照料一切，能如照轩公之铁面全心，照此立字以训后来，则叨光[6]不浅矣。

[1] 陶澍（1779—1839）：湖南安化人，字子霖，号云汀。嘉庆七年（1802）进士。累官安徽巡抚、江苏巡抚、两江总督兼两淮盐政。卒赠太子太保，谥“文毅”。著有《陶云汀先生奏疏》《印心石屋文抄》《蜀辅日记》等。

[2] 不遇：不得志，不被赏识。

[3] 深切著明：深刻而显明。

[4] 切己：贴心，知心。

[5] 晓谕：明白告知，使人领会。

[6] 叨（tāo）光：旧时称受人恩惠。语含感谢之意。

译文

之前接到照轩兄的书信，他恳切地说管家之人切不可将自己的产业转手卖回给我，以免引起他人的闲话和议论。像颖川兄之前不被赏识，转卖产业去别的地方任职，本来我没有从中获利，却还是留下了话柄。而子扬也曾多次这样做，也是被时势所迫，不得已而为之，还是让人非议。足见照轩大哥老成周到的言语，非常有见识。这封信我至今保存着，因为它表达着大哥对我的深切关爱之意。另外，我的大哥和颖川帮我照顾产业时写有承管家务的字据，体现的也都是克制自己、自我成就、匡正自己、纠正别人的意思，可以让关爱照料别人的人效法。昨天我已经把它找出来了，交由十一弟带回，让贤侄等人销毁。但他们都是至为诚实贴心的人，立下这个字据以便端正自己的行为，还可以以此告知他人要秉持正直。不仅对我来说是将产业托付给了正确的人，连管家之人也能免于纷扰从众。如果我的贤侄们为我照料一切，能像照轩公一样不徇私情，全心全意，按照拿回的字据立下章程来教育后代子孙，那么我实在是受了很大的恩惠。

李星沅[1]：淡泊名利则上级无法胁从，言语谨慎则同僚无处指摘

——《上云麓外舅书》

秦中，古帝王都，被山带河[2]，天府之国。鄠县始置自汉，邠诗注曰陆海，班孟坚亦称郊野之富，号为近蜀。其土地肥饶，民气敦朴，雅有丰岐[3]遗韵。外舅[4]以和平忠厚之心，敷岂弟慈祥之化，而适当农桑竹木之乡，天道之报施寓焉，仕途之顺利占焉。俗美化行，可不三月而治，为大人庆，兼为鄠人庆也。

地方官坐拥百里，父母斯民。凡民之衣食若何，礼俗若何，性情好恶若何，皆须详审默识，熟虑深筹，俾之息息相关，若保赤子。欲安良，必先除暴；欲兴教，必先止邪。法使民畏而不可偏，恩使民感而不可狎。以浑厚者处己，而用必精明。以乐易者待人，而体必严肃。迩言所必察，而不授宵小以权。成见所必祛，而不为浮游所惑。无轻听以挠兼听，无溺情以失平情。惟果断者罔艰，当大事则任吾敢；惟坚确者有守，历众变始识吾权。宽以御下，而才无可用者去；敬以事上，而事有可

[1] 李星沅（1797—1851）：字子湘，号石梧，湖南汨罗人。道光十二年（1832）进士，曾任陕西巡抚、陕甘总督、江苏巡抚、云贵总督、两江总督等职。著有《芋香山馆诗文集》等。

[2] 被山带河：山河环绕，形容形势险要。

[3] 丰岐：借指帝王的旧都。

[4] 外舅：岳父。本文指郭汪璨（1767—1832），字云麓，湘潭县人，嘉庆十九年（1814）进士，官陕西鄠县（今户县）知县，著有《云麓诗草》。

法者亲。心不设城府，而坦率必防窥伺之渐；心不藏逆亿[1]，而镇静必绝欺诈之乘。利禄淡而官长无所挟持，言语慎而同僚无所指摘。无急差徭以省追呼之扰，无轻议罚以远纳赂之嫌。与士言诗书，与农言稼穑，则民情不隔而疾苦周知。良民用薄刑，莠民用重典，则民志不顽而惩创足戒。近今以来，循吏能吏之大凡不越乎此。至于洁己以奉公，和衷以集事，周详以听讼，廉谨以宅躬，锐心力以设施，绝耆好以一志，则我外舅所自信，亦同里人所共信者，无俟小言詹詹[2]也。

译文

秦中之地，是古代帝王的都城所在，那里山河环绕，是天府之国。鄠县是由汉朝最先设立的，《诗经·豳风》中称它为富饶的地方，班固也曾说过王城周边的土地丰饶，号称接近蜀地。那里土地肥沃富饶，民风淳厚古朴，保留着旧帝都的遗风。岳父以宽厚平易、忠诚仁厚之心，传布和乐慈祥的教化，正好负责农桑竹木之乡，这意味着天道在回报您，也是您仕途顺利的预兆啊！风俗美好、教化施行，这样在三个月内便能实现大治。我为您感到高兴，也为您管理的鄠县百姓感到高兴。

地方官员坐拥百里的土地，是百姓的父母官。老百姓的衣食、礼仪风俗、性情爱好等种种情形，都要详细考察，并在心中牢记，然后深思熟虑、谨慎筹划，与百姓形成亲密联系，要

[1] 逆亿：事先疑忌别人欺诈不正。

[2] 詹（zhān）詹：说话烦琐、喋喋不休的样子。

像爱护婴儿一样去爱护百姓。想要安定良民，必先去除暴虐；想要振兴教化，必须先制止邪恶。法令要做到让老百姓畏惧而不偏离正道，恩泽要让百姓感激而不轻浮。要用淳厚朴实来要求自身，但在处理事务时必须精明。要用和悦平易的态度待人，但内在必须严肃。浅近之言必须明察，不将权力交给逢迎的小人。固执之见一定要消除，不让自己被狂徒所迷惑。不听信一面之词，学会广开言路。不沉浸在个人情感中，而要保持公允公正。果断的人不害怕困难，在重要的事情上敢于承担。坚定的人会坚守节操，经历变故后更懂得权衡。用宽松的措施来治理下属，去除没有可用之才的人；对上恭敬，亲近那些办事值得学习的人。内心不设城府，保持坦白直率，必定能防止旁人窥探之念的露头；内心不藏猜忌，保持镇定，必定能防止别人趁机欺诈。淡泊名利，上级就无法用权威强迫你服从；说话谨慎，同僚就无法批评指责。不要紧急派遣差事和徭役，以避免差役骚扰百姓。不要随便议定惩罚，从而远离收受贿赂的嫌疑。和读书人谈论诗书，和农民谈论农事，就不会疏远民情而知道百姓所有的疾苦。对安分守己的善良百姓从轻处罚，对坏人从重处罚，那么民心就不会顽劣，惩罚也能达到警示的目的。现在守法循理的官吏和能干的官吏大都这样行事。至于使自己行为端谨去从事公务，和睦同心去处理事情，周密细致地审理诉讼案件，廉洁谨慎以修身，磨砺心力以施展才干，摒除嗜好以专心工作，这些是您自信能做到的，也是同乡人都相信的，就不用我喋喋不休了。

曾国藩：以“劳”“谦”“廉”三字，时刻自勉

——《致沅弟季弟》

吾家方丰盈之际，不待天之来概[1]，人之来概，吾与诸弟当设法先自概之。自概之道云何？亦不外“清”“慎”“勤”三字而已。吾近将“清”字改为“廉”字，“慎”字改为“谦”字，“勤”字改为“劳”字，尤为明浅[2]，确有可下手之处。

沅弟昔年于银钱取与之际，不甚斟酌，朋辈之讥议菲薄，其根实在于此。去冬之买犁头嘴、栗子山，余亦大不谓然。以后宜不妄取分毫，不寄银回家，不多赠亲族，此“廉”字工夫也。

“谦”之存诸中者不可知，其著于外者，约有四端：曰面色，曰言语，曰书函，曰仆从属员。沅弟一次添招六千人，季弟并未禀明，径招三千人，此在他统领断做不到者，在弟尚能集事[3]，亦算顺手。而弟等每次来信索取帐棚、子药等件，常多讥讽之词、不平之语，在兄处书函如此，则与别处书函更可知已。沅弟之仆从随员，颇有气焰，面色言语，与人酬接[4]

[1] 概：量米粟时刮平斗斛用的木板。引申为刮平，不使过量。

[2] 明浅：明了浅白。

[3] 集事：成事，成功。

[4] 酬接：应酬接待。

时，吾未及见，而申夫[1]曾述及往年对渠之词气，至今饮憾！以后宜于此四端，痛加克治，此“谦”字工夫也。

每日临睡之时，默数本日劳心者几件，劳力者几件，则知宣勤王事之处无多，更竭诚以图之，此“劳”字工夫也。

余以名位太隆，常恐祖宗留诒之福，自我一人享尽，故将“劳”“谦”“廉”三字时时自惕[2]，亦愿两贤弟之用以自惕，且即以自概耳。

译文

我们家在正旺盛的时候，不要等天来刮平，也不要等别人来刮平，我与各位弟弟们应该想办法自己刮平。自己刮平的方法是怎样的呢？也不过就是“清”“慎”“勤”这三个字罢了。我最近把“清”字改为“廉”字，“慎”字改为“谦”字，“勤”字改为“劳”字，使得道理更加明白浅显，确实是有可以下手去做的地方。

沅弟过去在进行银钱收支的时候，往往不够慎重，招来朋友们的批评非议，根源就在这里。去年冬天为家里买进犁头嘴、栗子山，我也很是不以为然。以后要不妄取分毫，不寄钱回家，

---

[1] 申夫：即曾国藩的幕僚李榕（1819—1890）。原名甲先，字申夫，号六容。四川剑州（今广元市剑阁县）人。道光二十六年（1846）中举人，咸丰二年（1852）中进士，授翰林院庶吉士。次年改任礼部主事，经郭嵩焘举荐，赴湘军大营追随曾国藩。因军功卓著，历任江宁盐巡道、浙江盐运使、湖北按察使、湖南布政使。同治八年（1869）罢官归故里。著有《十三峰书屋全集》《剑州志》等。

[2] 自惕：自己时时敬畏、戒惧。

也不要多送给亲戚，这是廉洁的功夫啊!

“谦”字存于内心，旁人无从知道，但所表现出来的大约有四个方面：一是脸色，二是言语，三是书信，四是仆从。沅弟一次招兵六千人，季弟并没有禀报清楚，就直接招了三千人，这是其他统领绝对做不到的，你们却能办成，算得上不费力气。而弟弟每次来信索要帐篷、火药等物，经常有讥讽、不平之语，对愚兄写信尚且如此，便可以由此推想给别人写信时的语气了。沅弟的仆从随员，很有气焰，他们和人应酬交接时的脸色言语，我没有来得及见识，可是申夫曾经讲到这些人往年对他的语气，到现在我还感到失望。以后应该从这四个方面痛加改正，这就是“谦”字的功夫。

每天睡觉的时候，默默计算这一天劳心的事情有多少，劳力的事情有多少，就知道辛勤地效力于王事的地方不多，应该更加尽心地谋划，这是“劳”字的功夫。

我因名声太大，地位太高，经常担心祖宗遗留的福运被我一个人享受殆尽，所以把“劳”“谦”“廉”这三字时刻记在心中，警示自己，也希望两位弟弟也能用这三个字警示自己，从而自己刮平自己。

彭玉麟：欲求行慊于心，不外“清”“慎”“勤”三字

——《致弟》

前日与曾帅[1]往复讨论行慊于心[2]之道，曾帅复函，谓欲求行慊于心，不外“清”“慎”“勤”三字。且谓壬戌九月，尝就日记，将此三字引申其义：“清”字曰“无贪无竞，省事清心，一介不苟，鬼伏神钦[3]”。“慎”字曰“战战兢兢，死而后已，行有不得，反求诸己”。“勤”字曰“手眼俱到，心力交瘁，困知勉行，夜以继日”。嘱垂训军中。余乃终身谨守，觉遇大忧患大拂逆[4]，可免世俗不少尤悔。吾弟来书，谓朝野间对我舆论翕然[5]无微词，京中都道彭玉麟处事明断。几句话或恐未实，惟余独冀学古人之居上位而不骄耳。

译文

从前我和曾帅反复讨论问心无愧的方法，曾帅回信说，要想做到问心无愧，无非就是“清”“慎”“勤”三个字。他还说在壬戌年九月的时候，曾经在日记中解释了这三个字的意思。其中，“清”字是指不贪不争，办事清心，一丝不苟，得到鬼神

[1] 曾帅：指晚清重臣、湘军统领曾国藩。

[2] 行慊于心：自己对自己的所作所为满足惬意，问心无愧。

[3] 鬼伏神钦：鬼神都佩服、钦羡。

[4] 拂逆：违背心愿的事。

[5] 翕（xī）然：一致称颂。

的赞叹。而“慎”字则是指战战兢兢，死而后已，行动中有不妥之处，就反思自己。最后，“勤”字则是指手眼俱到，专心致志，心力交瘁，克服困难而学到知识，有了知识而努力实践，夜以继日。曾帅嘱咐我要把这些教诲传授给军中的士兵。我于是终身谨守这些原则，当遇到大忧大患时，能够避免世俗上的不少过失与悔恨。我弟弟来信说，朝野间对我评价很高，京城里的人都认为彭玉麟处事明断。这些话可能并不完全属实，我只希望自己向古人学习，处于高位而不骄傲自满。

郭嵩焘[1]：无论官场乡里，坚持以正道行事

——《致族叔郭家镛》

在粤三年，所得惟养廉及韶关经费，外无别款。岁用万余金，取给经费，养廉数千，所余无多。至于仆从规费，已多裁革，馈遗一无所受，此人所共知。侄之节省，由于性生。出客公服，间有添补，居常衣服，一袭家居之旧，未尝更制。日食上下一例，玩好什物，除置买书籍外，未尝浪费一文，以故所

[1] 郭嵩焘（1818—1891）：清末外交官。字筠仙，湖南湘阴人。道光二十七年（1847）进士。1876年赴英，为我国第一任驻英国大臣。1878年兼驻法国大臣，次年以病辞归。主张学习西方科学技术，兴办铁路，开采矿产，整顿内务，以立富强之基，并注意西方巴力门（议会）制度，遭到守旧派猛烈攻击。有《养知书屋遗集》等，今辑有《郭嵩焘奏稿》《郭嵩焘诗文集》《郭嵩焘日记》。

存尚二万金。黄莘翁[1]言粤抚万不敷用。彼用度自丰，不为训。去岁费至万余金，岁租已过一千，可以传遗子孙。住屋亦尽够，而地势迫隘，架屋山唇，若巢然，当前去水，一泻数十丈，万不可久居。意城[2]为置饶姓一庄，原为屋基，而惮于营造，吾甚怨之。议合三四年之力，筹备二千金，置一住屋，及吾身为之。其地基直十丈，横不过十余丈，较之意城见住屋，合塘基计之，横直皆短数丈。试问从何起造大屋？身为督抚，岁支养廉良亦不薄，何嫌何疑，而畏人訾议？一身服食起居，而多怀顾忌，罔道干誉[3]，此吾所素耻。居官居乡，一以直道行之，所信此心此理而已，不顾人喜怨。非敢为崛强[4]也，性自定尔。

往在军中数年，未尝添置升斗之田，而人动曰所获盈万，吾弗辨也。每岁资助亲友较多于存与，不以人议吾之富遂怀顾忌也。近年劳、李居室，吾倾囊置备其地基，力亦弗给。彼尚无所瞻顾，而吾十丈之屋乃反怀瞻顾乎？必自谢曰“吾无一钱”？左季高在军日以此为言，沈幼丹[5]江抚归装四万金，而

[1] 黄莘翁：黄赞汤（1805—1869），字莘农，江西庐陵（今吉安）人，清道光十三年（1833）进士，同治元年（1862）至二年任广东巡抚。

[2] 意城：郭昆焘（1823—1882），字仲毅，号意城。湖南湘阴人，郭嵩焘之弟，道光二十四年（1844）举人。

[3] 干誉：求取名誉。

[4] 崛强：刚直不屈。

[5] 沈幼丹：沈葆桢，字幼丹，福建侯官（今福州）人。咸丰十一年（1861）经曾国藩举荐任江西巡抚，同治四年（1865）离任。

以卖字为生，皆为此语，吾弗屑也。老叔之意美矣，而情事则非。他日来乡，当自悉耳。

译文

我在广东三年，所得到的只有养廉银和韶关的经费，除此之外，没有其他款项。我每年的用度有一万多两银子，取自韶关经费，养廉银数千两所剩不多。至于仆从和按陈规所纳的费用，已经大多裁减革除；凡是馈赠，我都不接受，这是人所共知的。侄儿的节省，是缘于天性。出门做客，有公服可穿，偶尔还有增添补充；日常在家，只穿从前居家时的旧装，未曾更换添置。每天的饮食，上上下下都是同样的饭菜；供玩赏的东西及生活用品方面，除了买书籍之外，从未浪费一文钱，所以还存有两万两银子。黄莘翁说广东巡抚一万两银子不够用。他们开支很大，不能当作范例。去年的经费达到万余两，岁租已经超过一千，可以传给子孙。住房也已经够了，但地势狭迫，房子建在山口，就像鸟巢一样；而且房子前方有湍急的水流经过，一泻就是几十丈远，万万不能长期居住。意城为我置买了饶姓庄园，原来打算做房子的地基，但又害怕修建，对此我很是埋怨他。我计划用三四年的时间，准备好两千两银子，亲自安排建造一处房屋。住房地基长十丈，宽度不过十余丈，和意城的住房相比，即使加上塘基，无论长度还是宽度都短数丈，试问怎么建造宽大的房屋呢？我身为督抚，每年的支出和养廉银也不少，有什么嫌疑，要担心别人非议我呢？一个人对穿衣吃饭和生活都心存顾虑，虚伪地说教而求取名誉，这是我向来所不齿的。在官场也好，在乡里也罢，我一直以来都是坚持正道，相信做到这样就足够了，不必过多顾及别人的喜怨。我这样做并不是刚直不屈，这是由我的本性决定的。

以前我在军队中多年，未曾添置一点点的田地，可是人们动辄说我所获丰厚，对此我不去争辩。我每年给亲友提供的资助比我的存款还要多，我不会因为别人议论我富裕而心怀顾忌。近年来劳氏、李氏在家安居，我动用所有积蓄来为他们购置宅基地，能力还是不够。他们自己都没有顾忌，我建这十丈的屋子却反而要有所顾忌吗？难道我一定要说“我一文钱都没有”吗？左宗棠在军中每天把这句话挂在嘴边，沈葆桢从江西巡抚岗位离任时带着四万金，回来以卖字为生时也常说这句话，我很是看不起。叔叔的心意很好，但不合情理。我日后还乡，您应该就能了解。

郭昆焘[1]：君子之居官，上顾吾君，下顾吾民，中亦顾吾身

——《论居官十五则示儿子庆藩》

清、慎、勤，自古相传官箴[2]也。然非主之以明，则清以自守，而假威福以恣贪饕者，无从觉察而禁制之也；慎以处事，而因迟疑以成积压者，无从洞达而断决之也；勤以办事，而值繁难以滋纷扰者，无能昭晰而次第之也。或以清之故而流为刻薄，以慎之故而归于畏缩，以勤之故而多所纰缪。不明之蔽，势将与不清、不慎、不勤者殊途而同归，而美名既居，厥咎莫执，后来补救之难，或较甚焉，此不可不辨！惟诚可以生明，惟明可以广才。盖有诚心则必有真意，有真见则必有实力，力所至而识充焉，识所通而才出焉。天下之安于无才者，必其未尝诚于任事者也。

人人以退让为贤，朝廷之设官何为？任事者当官之责，斯世之所赖也。同僚之嫉忌，亦往往由此起焉。君子守道而已，道当任则任之，不以难自沮，亦不以能为其难自矜；当让则让之，不以能自炫，亦非以曲晦其能自藏。先贤有言："廓然而大

[1] 郭昆焘（1823—1882）：字仲毅，号意城，晚号樗叟，湖南湘阴人。郭嵩焘之弟。道光二十四年（1844）举人。会试两次下第，遂绝意科举。初受业于长沙岳麓书院，精通儒家性理，喜好经世之学。咸丰年间参湘抚张亮基、骆秉章等幕府，后陆续为左宗棠、湘抚毛鸿宾、刘琨等筹谋献计。著有《说文经字正谊》等。

[2] 官箴：做官的戒规。

公，物来而顺应。”从古无避患之豪杰，亦无敛怨之圣贤。

一有自私自利之心，则国计民生之相待，愧负者多矣。君子之居官，上顾吾君，下顾吾民，中亦顾吾身。所谓顾吾身者，非第善保宠、荣利禄而已。其视吾身为朝廷所倚任，闾阎[1]所依赖，即不得薄待其身，以堕于一切苟且之行。自肥者，自污者也；自满者，自损者也。循吏[2]不为身家[3]计，而身家常泰；墨吏[4]专为身家计，而身家常倾。君子于此可以知所择矣。

译文

清廉、谨慎、勤劳，这些是自古以来对官员的戒规。然而不以明智作为清廉、谨慎、勤劳的主导，那么说起来要用清廉要求自己，实际上却对那些打着自己的名号作威作福、大肆贪污的人，没有办法发觉并予以惩罚制约；说起来要谨慎做事，实际上遇到因迟疑不决而积压下来的事务，没有办法了解清楚后做出决断；说起来要勤劳办事，实际上碰到复杂困难而产生纷扰的事情，没有办法梳理明白后分出轻重缓急。不够明智，可能最后因为清廉变得刻薄，因为谨慎变得畏缩，因为勤劳产生很多差错。一个官员不够明智，势必将与不清廉、不谨慎、不勤劳的官员殊途同归，但是因为他已经获得了好名声，责任

[1] 闾阎：原指古代里巷内外的门，后泛指平民老百姓。

[2] 循吏：守法循理的官吏。

[3] 身家：对自身和家庭的合称。

[4] 墨吏：贪官污吏。

就难以追究，日后想要弥补错误，难度可能会更大，这是不能不分辨清楚的。只有诚实才能带来明智，只有明智才能拓展人的才华。因为有了诚心，就一定会有求真的念头；有了真实的见解，就一定会有实际的能力；运用这个能力，便能增长见识；见识通达，便有了足够的才华。那些满足于没有才华的人，一定是从未真诚地尽过职责。

如果每个人都认为退让是贤德，那么朝廷设置官职做什么呢？勇于任事是当官的责任，也是世人的依赖。同僚们的嫉妒通常也是从这里开始的。君子只是遵循正道而已，如果按照正道应该做，那就去做，不因为困难而退却，也不会因为有能力做难事而自高自大；如果需要退让，就退让，不因为有能力而自我炫耀，也不隐瞒自己的能力以韬光养晦。古代的贤人曾经说过："廓然而大公，物来而顺应。"从古至今，没有逃避困难的豪杰，也没有招惹怨恨的圣贤。

一旦有了自私自利的心思，那么在对待国计民生时，让人惭愧的情况就会多起来。君子在做官时，向上效命君主，向下关心人民，同时还要照顾好自己。所谓照顾自己，并不仅仅是善于保护个人荣誉，获得利益和俸禄。他应该视自己为朝廷的倚重和民间的依赖，不得轻视自己，以免堕落做出不符情礼法的事情。自利自肥，是自我玷污；自满自得，是自我损害。那些正直的官员并不为个人家庭考虑，而他们的家庭经常是安宁的；那些贪婪的官员专注于个人家庭的利益，然而他们的家庭经常是动荡不安的。君子可以从这些情况中明白他们应如何选择。

（二）天下为公，居官不作受用之想

王朗川的《言行汇纂》里说：“居官不可作受用想。天之生我异于众人，与以治世之职，是造福于世之人，非享福之人也。”古往今来，中华大地上涌现出了一批又一批清正廉洁的好官。他们坚守“天下为公”的准则，恪守内心的道德底线，时刻为平民百姓着想，无私奉献了他们的心血和精力。

周敦颐不仅是一代大儒，更是一代廉吏。他在洪州南昌任知县时，俸禄并不低，但他领到俸禄后，总是散以济贫，或分送同宗族的亲戚，或用来招待客人和朋友，最后自己生病都拿不出钱来，生活过得清贫而寒酸。一天，周敦颐因操劳过度而突然昏厥，几乎停止了呼吸，仆人以为他去世了。好友们赶来为他料理“后事”，清点家产时，发现他所有的家当仅有一口破箱子，其衣服杂物全部叠起来不足一箱，钱不过百文。在场的人都惊呆了，没想到堂堂知县竟然这么寒酸。周敦颐为官期间非常重视兴教办学，任职所到之地，皆广建书院，他经常亲自登堂授课。史载周敦颐所到之处，读书人遵从他的教导，官员思念他的威严，老百姓感念他的恩德。他在其千古名篇《爱莲说》中以莲花比喻君子，并以“莲”喻“廉”，用莲的“出淤泥而不染，濯清涟而不妖”来比喻士人洁身自爱、不同流合污的为官之道。这句话也是对周敦颐的真实写照。

道州何氏家族的何凌汉家境贫寒但聪明好学，十三岁时父亲去世，三叔何文纯在经济和学业方面都给予接济帮助，为其求学创造了较好的条件。道光二年（1822）何凌汉主持山东乡试，并留任山东学政。他在写给三叔的信中说，主持山东学政责任更重，戒惧更深，只有尽心竭力，以公平和谨慎的态度做事，以此报效国家和长辈的培养。

凤凰县人熊希龄曾担任出洋考察宪政五大臣的参赞。他弟弟的店铺亏空倒闭，债主纷纷上门讨债，弟弟向他寻求帮助。熊希龄写信告诉弟弟，自己所担当的是国家之事，关系公众安危，不是一人一家可以相比的，自己不会以私废公，更不会与弟弟同流合污。

衡山聂氏家族的聂继模不仅是清代著名的学者，还是一位良医。他为出任陕西镇安县县令的儿子聂焘写下长达三千言的《诫子书》，告诉儿子不能因为镇安地方小，上级对他处理政务有所宽容，就贪图安乐，懈怠轻慢。要时刻谨记自己的责任，带领百姓过上幸福平安的生活。为官者只有以身作则，才能受到百姓爱戴，才能得到下属的拥护，才能处理好地方政事，给百姓带来福祉。聂继模希望儿子做一个以天下为公、利国利民的好官。

浏阳谭氏家族的谭嗣同是晚清著名的维新派人士。光绪二十四年（1898）五月，谭嗣同接到光绪皇帝谕旨准备进京。临行前他写信告诉妻子要视荣华如梦幻，视死辱为常事，听其自然。可见，他已将个人生死荣辱置之度外，唯以承担国家责任为己任。

“身在官场志守廉，敢为苍生质昊天。为民着想民方敬，致仕美誉价万千。”天下为公，居官不作受用之想，是一种态度，也是一种精神。任何事业都是奋斗出来的，领导干部必须有强烈的担当精神，把“为民做官”作为自己的追求，为官一任，造福一方。

聂继模[1]：民情悉熟，正好兴利除害

——《诫子书》

尔[2]在官，不宜数问家事，道远鸿稀[3]，徒乱人意。正以无家信为平安耳。

山僻知县，事简责轻，最足钝人志气，须时时将此心提醒激发，无事寻出有事，有事终归无事。今服官年余，民情悉熟，正好兴利除害。若因地方褊小，上司或存宽恕，偷安藏拙，日成痿痹[4]，无论将来不克大有所为，即何以对此山谷愚民？且何以无负师门指授？见《答黄孝廉札》，有“为报先生春睡熟”

[1] 聂继模（1671—1770）：字乐山，湖南衡山人。事亲至孝，善医术。乾隆年间，其子聂焘以进士出为陕西镇安知县，作《诫子书》以赠。该文被收入《皇清经世文编》和《政令全书》，成为官员们的必读文章。

[2] 尔：指作者聂继模之子聂焘。聂焘（1694—1773），字闲有，号环溪，湖南衡山人。雍正十三年（1735）中举，乾隆二年（1737）进士，乾隆十三年（1748）八月出任镇安知县，他十分重视地方志的编纂，精心组织编写了《镇安县志》。

[3] 道远鸿稀：路途遥远，音信极少。

[4] 痿痹：肢体不能动作或丧失感觉，此处比喻对事物的反应迟钝或漠不关心。

语，此大不可。《诗》曰："夙兴夜寐，无忝尔所生。"居官者宜晚眠早起，头梆醴[1]嗽、二梆视事[2]，虽无事亦然，庶几习惯成性，后来猝任繁剧，不觉其劳，翻为受用。长公负文章，遭时不偶，愤激而谈，何必拾其唾余耶？

山路崎岖，历多虎患，涉水尤险，因公出门，须多带壮役，持鸟枪夹护，不可省钱减从，自轻民社之身。又不可于途中旅次，过行琐责，此辈跟随，亦有可悯。御之以礼，抚之以恩，二者相需，偏倚则害。流民在衙供役者亦然。邑中除去五患，人咸为尔庆，我每思及，反觉蹙然。李忠定公[3]譬此辈犹痰乘虚火而生，火降水升，仍化为精。痰与精岂二物？而顷刻变化如此，天下无德精而仇痰者，皆自吾身生，在反身而已。此后须设法处置，无使数千里外老人魂梦作恶也。

尔家书屡言办过军需，并未赔垫，此殊可疑。湖南州、县，无不赔垫者。况尔初任，几户穷民，额粮不满二万，又适逢荒歉之岁，肯于此时加一分恩，全活实多，兼可不误大件。人笑尔迂，我心弥喜。若云全不赔垫，则将取之谁耶？若尔本曲为此言，冀宽我心，犹为有说。尔视我为何如人？好消息，恶消息，以善养，不以禄养。彼闺阁中人能分晰言之，况八旬须眉老翁哉？此后凡遇上司公文关系地方兴除，须设法行之，至万

[1] 醴（huì）：洗脸。

[2] 视事：指官吏到职办公。

[3] 李忠定公：指李纲（1083—1140），字伯纪，号梁溪先生、梁溪居士、梁溪病叟。祖籍福建邵武，至其祖时迁居无锡（今江苏无锡）。南宋初抗金名臣。绍兴十年（1140），李纲在福州病逝，谥号"忠定"。

不能为而后已。大抵自己节省，正图为民间兴事，非以节省为身家计。同一节省，其中殊有义利之分如此。俸薪须寄回，为岁时祭祖用。倘有参罚，即不必如数寄，毋致上欺祖宗，且可为办事疏忽戒。养廉银两，听尔为地方使用。通邑仅得二社，目前即须谋增建。穷戚友亦不宜恝[1]然。京师乡老重修会馆，此是义举，既有札通知，须量力应答。

译文

你在外做官，不应该经常询问家中的事情。道路遥远，书信稀少，常常询问只会扰乱人心。因为没收到来信，那便是家里安好。

你是偏僻山区的知县，事务少责任轻，容易磨掉人的志气，所以应该时时提醒自己，激励自己发奋上进，没有事情就去找点事情，有事情就好好处理完。现在你做官一年多，民情都已熟悉，正好可以兴利除害。如果因为那里地方偏远，上司对你宽恕，你就苟且偷安，掩饰自己的无能，日子久了，你就成了迟钝无用的人，不用说将来不会有大的作为，又该怎样面对山里的百姓呢？况且又该如何不辜负老师的教导呢？你在《答黄孝廉札》里有“为报先生春睡熟”的诗句，很不应该。《诗经》说：“早起晚睡，无愧于生养我的父母。”做官的人，要晚睡早起，梆子敲头一遍就洗漱，敲二遍就到职办公，即使是没有事务也要这样。这样才能习惯成自然，以后事务突然繁重，你也

[1] 恝（jiá）：不经心；无动于衷。

不会觉得劳累，反而很受益。长公因为文章不被欣赏、机遇不好而话语激愤，你何必要拾人牙慧呢？

山路崎岖难行，一直有老虎出没，涉水就更加危险。你因为公事出门，一定要多带健壮的差役，让他们带上鸟枪护卫，不能为省钱减少随从，自己看不起代表着百姓和国家的身体。另外，在出行途中短暂停留时不能因为琐碎小事苛责差役，他们也有可怜的地方。以礼相待，以恩安抚，两方面都需要做到，偏重一方就会产生祸害。在县衙供役使的流民也要一样对待。县里除去了五个祸害，人们都为你庆贺，但我每次想到，反而不安。宋朝李纲把这些人比喻成因虚火生出的痰液，火降水升，痰液仍然化为精。痰和精怎么会是两种东西呢？可是竟然一会儿工夫就变化如此巨大，天下没有不看重精而厌恶痰的，但它们都是从自身生出来又回到自己身上。此后，要想办法处理这样的人，不要让千里之外的老人担心。

你在家书中几次说办过军需，没有垫赔钱财，这很可疑。湖南的州县没有不垫赔的。况且你刚在镇安上任，县里就那几户穷苦百姓，额粮不到二万，又遇到荒歉年景，能够在这时候多施一分恩惠，保全救活的人实在很多，同时也不耽误大事。人们笑话你迂腐，我心里却很高兴。如果说完全不垫赔，从哪里收取这些钱呢？你如果故意这样说，希望能让我宽心，那此事尚且还有个说法。你把我看成什么样的人了？好消息，坏消息，都要听得；以善德养身，不以俸禄养身。那些闺阁中的女人都能看清楚，何况年逾八旬的老翁呢？今后，凡是遇到与地方上兴利除弊有关的上级公文，必须想办法施行，要到实在不能施行再停止。自己节省，多半就是为了给老百姓做一些事，而不是节省出来留给自己。同样是节省，其中也有“义”和“利”的区别。你的俸禄要寄回来作为每年祭祖的费用。如果有弹劾处罚，就不必如数寄回，不要导致对上欺骗祖宗，而且还能警诫自己办事不要疏忽。你的养廉银两，任凭你为地方上使用。全县只有两处里社，现在就应该谋划增加。穷亲戚朋友也不能不照顾。京城的乡亲父老重修会馆，这是符合公义的好事，既然他们来信通知，就要量力支援。

何凌汉[1]：责任愈重，兢惕愈深

——《致三叔父母》

四叔来東，询悉三叔大人及各位叔母夫人均皆康健，欣慰殊不可言。有子有孙，既耕且读，此是吾家第一良图。即境况清苦，而举家克俭克勤，亦是人生乐事，其他不足虑也。侄以庸材，荷承恩命，典学山东，责任愈重，兢惕[2]愈深，惟有竭力尽心，矢公矢慎，以期仰答圣慈，并以慰祖宗培植之厚云尔。

[1] 何凌汉（1772—1840）：字仙槎，又字云门，湖南道县人。清嘉庆十年（1805）进士第三名。曾任工部尚书兼左都御史、吏部尚书、户部尚书、山东学政、浙江学政等职。其子何绍基曾任四川学政，是清代著名书法家。道光二十年二月（1840）病逝于京师，谥“文安”。著有《云腴山房文集》。

[2] 兢惕：戒惧。

惟此缺[1]清寒，除养廉[2]外一无所得。侄本性亦不愿有得也。因六兄回家，谨寄奉薄意，即祈照收。道远心长，欲言不尽，一切光景问六兄便知，不必赘也。肃此，恭请三叔父大人万福，各位叔母夫人懿安，兄弟姊妹、侄男女均好。

译文

四叔来信，了解到三叔大人以及各位叔母夫人都身体健康，非常欣慰。有儿有孙，既种田又读书，这是我们家最大的期望。即使境况清苦，只要全家能够做到勤俭节约，也是人生乐事，除此之外的事都不值得担忧。侄儿愚笨，有幸承受皇恩，主持山东学政，责任越重大，戒惧越深切，只有尽心竭力，坚持以公平和慎重的态度处理事务，希望能以此来报答皇上的恩德和祖宗深重的栽培之恩。只是我担任的官职比较清贫，除了养廉银外，没有其他的收入。侄儿的本意也不愿有其他的收入。因为六哥要回家乡，郑重地托他带去我微薄的心意，请务必照收。路途遥远，心意绵绵，想说的难以说完。一切景况，问六哥便可知道，我就不多说了。恭敬地给三叔父及各位叔父母请安，向兄弟姐妹、侄儿侄女问好！

[1] 缺：职务。

[2] 养廉：清朝官俸很低，会在常俸外按职务、等级不同发放养廉银。

左宗棠：不能推卸国家西部事务

——《与宽勋同》

现奉谕旨督办新疆军务，应预筹出关驻节[1]。衰病余生[2]，何能担荷重任？惟密谕“英、俄有暗约扰我西路之说，英由印度窥滇之腾越，俄窥喀什噶尔，使我首尾不能相顾”云云。现值俄使由湖北、陕西前来，到兰接见后，由凉、甘、安、肃赴哈密，由哈密归国。所遣两使名为游历，实则窥我虚实。此时西事无可恃之人，我断无推卸之理，不得不一力承当。我既不能即赋归来，尔等久留湘中亦无是理，大约俟尔兄葬事毕再商议定局可耳。

新政诸凡详慎，悉当人心，薄海[3]臣民之福。惟人才尚不如前，是为可虑。即如陕甘一席，私中推择亦少惬心之人，何论十八省疆圻重寄也！一叹。

甘肃分闱[4]已定，数十百年旷举，足慰士心。兰山书院肄业者多至四五百人，各郡县亦多闻风兴起，或者自此人文日盛亦未可知。手此告尔等。

---

[1]驻节：旧指高级官员驻在外地执行公务。

[2]衰病余生：老人晚年体弱多病。

[3]薄海：指海内广大地区。

[4]分闱：分别设立科举考试的考场。左宗棠于光绪元年（1875）上《奏请甘肃分闱疏》请求甘肃和陕西分开举行科举考试，得到了清朝政府的同意。

译文

我现在奉皇帝的旨意督察办理新疆的军务，所以要预先准备出关执行公务。我体弱多病，哪里能担当此项重任？只因密谕说："英、俄暗地里约定扰乱我国西路，英国在印度窥伺云南腾越，俄国窥伺新疆喀什噶尔，让我们前后首尾不能兼顾。"现在正值俄国使臣从湖北、陕西前来兰州，受到接见后经凉州、甘州、安西、肃州去哈密，再从哈密回国。俄国所派遣的两位使者名义上是游历，实际上是窥探我国的虚实。此时国家西部的事务没有可以依赖倚仗的人，我肯定没有推卸责任的道理，不得不以一己之力承担。我既然不能立即从军队回家，你们也没有理由在湖南久留，大约等你们哥哥的安葬完毕后再商议确定。

新的政策大多详细谨慎，都能顺应人心，这是海内臣子人民的福气。只是人才比不上从前，这是让人忧虑的。即使像陕西、甘肃这些地方的一个职位，我私下推荐选择时也很少有切合心意的人，更不要说十八省和边疆的重任由谁来承担了。唯有一声叹息。

朝廷批准甘肃单独举行乡试，这是数千百年以来的旷世之举，足以抚慰此地读书人的心意。从兰山书院毕业的学生多至四五百人，各个郡县也多闻风而起，或许从此文化教育事业日益繁盛也未可知。就写这些告诉你们。

胡林翼：苟有以一钱肥家者，神明殛之[1]

——《致枫弟敏弟仪翼弟》

别来诸弟谅皆康健。兄与保翼到省已久，一切幸皆安适。黔本为先严持节地[2]，兄亦曾淹留多时，风俗夙所习闻。天下官方，日趋于坏。输金为吏者，类皆择其地之善者以为自肥计。黔，硗瘠[3]之所，边僻之境也，为人所掉首而不顾者。然兄独有取于黔者，诚以黔之官吏尚能奉上以礼不以货，以礼则知自重，不以货则知恤民，而治理庶几可冀。

兄初为政，遇贫瘠之土，当可以保清白风而不致负国。当兄之将入黔也，曾躬至先人墓，誓必竭其赤忱，恪恭将事，以报知遇。苟有以一钱肥家者，神明殛之。耿耿此心，度亦为诸弟所鉴及者。唯取之焉廉，则其用之焉亦不得不靳[4]。诸弟幸努力治事，勿谓阿兄已做官，用途不妨阔绰也。

译文

自上次分别以来，弟弟们的身体想来都还健康吧。我和保翼到贵州已经有很长时间了，幸运的是一切都十分平安顺利。贵州本来是先父在世时担任官职的地方，我也曾在这里羁留许久，所以很早就了解并习惯了当地的习俗。如今官场的风气一

[1] 神明殛（jí）之：神明杀死我。殛，杀戮。

[2] 先严持节地：父亲在世的时候担任官职的地方。

[3] 硗（qiāo）瘠：土地瘠薄。

[4] 靳：吝惜，不肯给予。

天比一天坏。花钱买官的人，大部分都会挑选一块富饶的土地，为的是获取财物。贵州是一个土地瘠薄、遥远偏僻的地方，是人们掉头再也不想回头看的地方，然而兄长我偏偏要来贵州，的确是因为贵州的官员们还能够用礼仪而不是钱物来对待上级，用礼仪对待长官说明他们懂得自重，不用钱物贿赂长官说明他们知道体恤百姓，因而地方得到治理或许还是有希望的。

兄长我刚开始做官，遇到了这个贫瘠的地方，应该可以保持清白的作风而不至于对不起国家。在即将到贵州的时候，我亲自去了先祖的墓地，发誓一定要竭尽全力，贡献自己的一片赤诚之心，严谨恭敬地做事来报答知遇之恩。如果我贪污受贿哪怕一文钱，请神明立即惩罚我。我忠心耿耿，大概也是各位弟弟所能学习借鉴的。因为钱物是廉洁得来，那么用钱就不得不吝惜一些。希望各位弟弟都能努力做事，不要以为兄长我已经做了大官，就大手大脚地花钱。

彭玉麟：世乱年荒，每思节用以利民生

——《致弟》

守财不施，谓之“钱奴”，为人一世中，不过衣、食、住三者最不可少，然而衣求温暖，食求果腹，夜眠六尺地，入梦便似死人然，何必衣必锦绣，食必膏粱[1]，起造高大房屋，美轮美奂矣，亦享受微几？况夫“象以齿焚，麝以香殒，多藏诲盗”

[1] 膏粱：肥肉和细粮。

一语，切当之至。处兹乱世，钱愈多则患愈大，一年足敷温饱，便是大福分，大富贵。要钱多何用？心劳日拙，最可鄙。从来富人有几辈留存齿颊，标名青史？倒不及穷酸力学，一篇文章，不覆瓿[1]，便笼纱，流传来得永久。即是要钱多，养得不肖子孙，狂嫖滥赌，挥霍无度，纵有铜山亦可倾。所以吾但望子孙贤能，不望金钱富饶。子孙不肖，积衣积谷，积银积钱，积产积书，都无用处。彼见钱多，不知艰难撙节[2]，游荡骄轶，反而害渠一生。每见富家子弟读书，但求虚饰而不知实际，造就者少。唯贫窭[3]者吃得苦中苦，孜孜兀兀，反多成就。故对子弟，切戒奢侈。要钱用，必须自己筹划，勿为分利而为生利者。对于穷困之士，理宜周恤。余在军中，不茹荤，但嚼菜根，觉得甜蜜有谏果回味之妙，力自节省。想朱轼尝云："省一酒食之费，可活几人；省一交际之费，可活几人；省一簪珥衣被之费，可活几人；省一布施僧道礼拜神像纸钱牲牢之费，可活几人。"当此世乱年荒，每思节用以利民生。俸禄所入，除奉甘旨外，每移赈民间，非如冯谖市义[4]，但求吾心所安而已。

[1] 覆瓿（bù）：比喻著作没有价值，只能用来盖盛酱的瓦罐。多用以自谦。

[2] 撙（zǔn）节：节省，节约。

[3] 贫窭（jù）：贫乏，贫困。

[4] 冯谖（xuān）市义：像冯谖一样收买民心。战国时孟尝君使冯谖收债于薛，冯谖焚债契而疾归，并向孟尝君解释他这样做是在用身外之物来获得民心。

译文

守着财富不见施舍，那就是金钱的奴隶。人活一世，不过衣、食、住三种用途最不可少，然而衣服只要求温暖，食物只要求饱腹，晚上睡觉只需六尺的地方，一旦进入梦乡就像死人一样，何必要求衣服一定要精美鲜艳，食物一定是肥肉和细粮，即使建起高大的房屋，富丽堂皇，又能享受多少？况且“大象因为有象牙而遭到捕杀，麝因为有麝香而殒命，贮藏大量钱财引来盗贼”这几句话，非常贴切恰当。处在这个乱世，钱越多则祸患越大，一年所得足以保持温饱，便是大福分、大富贵。要那么多钱有什么用？用尽心机，处境却一天比一天糟，最是可耻。古往今来，有钱的人有几个被人传颂，在历史上留下好的名声？倒比不上穷酸之人发奋学习，写出的不是用来盖酱缸和糊灯笼的文章流传得长久。即便是钱多，如果养的都是不肖子孙，狂嫖滥赌，挥霍无度，那么金山银山也会倒塌。所以我只希望家里子孙贤能，不希望家里金钱富饶。后辈子孙没有出息，那么积累衣物积累稻谷，积累银子积累钱币，积累资产积累书籍，都没有用处。他们看到钱多，不知道艰难，不知节省，整天游手好闲，骄傲放纵，反而是害了他们的一生。经常看见富家子弟读书，只求装点门面而不知实际，有成就有出息的人少。而贫苦的人吃得苦中苦，孜孜不倦，认认真真，反而多有成就。所以对于子孙后代，切记让他们戒除奢侈。要钱用，必须自己筹划经营，不要成为坐分他人利益的人，而要成为创造利益的人。对于穷困的人，应该予以同情和帮助。我在军中，不吃荤菜，只嚼菜根就觉得甜蜜，回味无穷，力求节省。想起朱轼曾经说："省一次酒食的费用，可以多养活几人；省一次交际的费用，可以多养活几人；省一次簪子衣被的费用，可以多养活几人；省一次布施僧道、礼拜神像、纸钱牲牢的钱，可以多养活几人。"现在世道混乱，谷物歉收，我每每考虑节省用度，以便造福民生。我所有的俸禄，除了奉养双亲以外，经常用来赈济民众，不是为了像冯谖一样收买民心，但求我自己安心而已。

谭嗣同：视荣华如梦幻，视死辱为常事

——《致李闰》(其一)

夫人如见：

正欲起程赴鄂，忽然记出一件至要之事：我既保举[1]进京，而功名保札、部照及一切公文，均未带来，兹特专人来取。请详细检出来，并捐道员[2]之实收[3]，一一点清，封作一包，外加油纸，即交送信人带下，万不致误。

又单纱蟒袍各一件，挖云抓地虎新快靴一双，伽楠十八子香珠及镶金伽楠搬指（去年所买者）各一个，天球、地球、团扇各一柄并纸盒，香末数珠一串，好红烧料鼻烟壶二个，均请

[1] 保举：大臣向朝廷推荐人才，并提拔有才能或有功绩的人。后多指大臣荐举下属。

[2] 道员：亦称"道台""观察"。明、清地方各道主官统称。根据清代的官阶制度：道员（道台）是省（巡抚、总督）与府（知府）之间的地方长官。

[3] 实收：官库收纳银两后所发给的收据。

检作一包，一同寄来为要。

我此行真出人意外，绝处逢生，皆平日虔修之力，故得我佛慈悲也。

夫人益当自勉，视荣华如梦幻，视死辱为常事，无喜无悲，听其自然。惟必须节俭，免得人说嫌话。至要至要！

廿九日信收到，诸事即照办。

此请，德安！

谭复生手草　五月初二日

译文

夫人见信如面：

我正打算前往湖北，忽然想起一件重要的事：我现在已经被保举到北京任职，但记录功名的文书、凭证和其他的文书都没有带在身上，于是特派专人来取。请夫人仔细挑拣出这些文书，将它们与捐纳道台的收据一一清点确认后，打成一个包裹，并且在包裹外加上一层油纸，然后交给送信的人，切记不要出现差错。

我还需要一件单纱蟒袍、一双挖云抓地虎新快靴、一串伽楠十八子香珠和一个镶金伽楠扳指（去年买的）、一个天球、一个地球、一柄团扇（和它们所带的纸盒），以及一串香末数珠、两个好红烧料鼻烟壶。将这些收捡成一个包裹，一起交给送信人寄过来。

我这次出行实在是出人意料，能够在绝望的境地中看到生机，这是平时虔诚修行的结果，佛祖心怀慈悲，因此降福于我。

夫人更应以此来勉励自己，将荣华看作虚幻的事物，将生死看作自然规律，不高兴也不悲伤，顺其自然。只是要懂得节俭，不让别人说闲话。至要至要！

二十九日写的信收到，各件事情都照约定办理。

在此祝一切安好！

谭复生手草　五月初二日

熊希龄[1]：国家之事，关系公众安危

——《致寿峰三弟捷三七弟函》

兄生平最详于公私义利之辨。其事果公，则公心战胜，虽亲如骨肉，不敢以私废公也。其利非义，则义必战胜，虽数只分毫，不敢见利忘义也。弟等倘能以兄之公义为公义，则兄虽受尽辛苦，为弟等担任养家之费，亦所不辞，若任性妄言，陷兄于不义，兄宁死不愿与弟等同流也。往尝见达官贵人公忠谋国，一事不苟，而其子弟亲戚招摇撞骗，种种非为，迨至为人所持，参官[2]革职，子弟亲戚亦不瓦全，两败俱伤，同归于

[1] 熊希龄（1870—1937）：湖南凤凰人，字秉三。清光绪进士，翰林院庶吉士。参与湖南维新运动，任湖南时务学堂提调，延请梁启超为中文总教习。民国后曾任袁世凯政府国务总理。1913 年袁解散国民党，熊希龄与梁启超、张謇等组阁（号称“名流内阁”），任国务总理兼财政总长。1932 年任世界红十字会中华总会会长。抗日战争全面爆发后，避居香港。有《熊希龄全集》。

[2] 参官：被参劾而罢官。

尽。兄尝为之懔惧[1]，故自入仕途，即不欲亲戚子弟在身边办事者，因鉴于世人之前车，亦欲诸弟之能卓然自立，不存依赖阿兄思想也。盖吾人所担当者，国家之事，关系于公众安危，非一人一家可比。故以世人比兄弟，则兄弟为亲，而以国家比兄弟，则兄弟为轻，国家为重也。弟等他日苟能效力国家，兄若有类此者，弟等不齿，兄无怨也。况兄居官做人，外虽圆而内实方，凡遇公事无不破除情面，夫情面破除，则怨者必众。苟无瑕以攻兄，则必攻及其亲戚子弟，以图报复，乃在意计之中。故弟等为熊秉三之弟，尤必步步留神，循规蹈矩，方足以免人之指摘，若稍不谨慎，则祸皆中于诸弟。是兄之想做官人，无在不足以累诸弟也，弟等何利之有？古人云：公极则私存，义极则利存。义利之界不容紊也，紊则求荣反辱矣。兹将前致瑞莘[2]帅一函，抄与两弟一阅，兄之平生宗旨具在于是也。弟等若以阿兄所为为义，此后即宜一切改行，勿以兄远隔万里，不知弟等所言所行也。

译文

我一向将事情的公与私、义与利分得清清楚楚。一件事情如果是公事，那么我会选择保持公心的做法，即使对方和自己的关系像至亲一样亲密，也不敢因为私情而放弃公道。如果获得的利益不符合道义，那么我会选择符合道义的做法，即使数

[1] 懔惧：畏惧。

[2] 瑞莘（shēn）：瑞澂（1864—1912），字莘儒。历任江西按察使、江苏布政使、江苏巡抚。

目很小，也不敢因为利益而放弃道义。如果弟弟们能将我的公义观作为自己的公义观，那么就算哥哥我再辛苦，也愿意为弟弟分担养家的费用，毫不推辞。但如果弟弟们放纵性情，胡乱讲话，让哥哥陷于不道义的境地，那么哥哥宁愿死，也不愿意和你们一起做事。我以前见到达官贵人为人正义忠诚，一心为国，做事认真细致，而他们的亲戚、子弟却四处招摇行骗，做出许多触犯法律和礼法的事情，等到他人抓住把柄去弹劾，不仅达官贵人本身会被罢官免职，其亲戚和子弟也会受到惩罚，两败俱伤，同归于尽。哥哥我常常担忧这种情况发生在自己身上，因此自从我步入仕途开始，就不打算让亲戚、子弟在身边办事，就是吸取了前人的经验教训，同时我也是想让弟弟们能自立自强，不存有依赖哥哥的想法。我们身上肩负着国家之事的重任，关系着百姓的安危，而不是只关系到一个人、一个家庭。因此，如果拿世人和兄弟相比，那么兄弟与我更亲密；如果拿国家和兄弟相比，那么兄弟就是次要的，国家则更重要。弟弟们如果将来有幸能为国家效力，哥哥如果有上述不好的行为，弟弟因此鄙视我，我也不会心怀怨恨。况且我当官做事，表面随和圆滑但内心刚直，只要是公事都不讲情面。但不讲情面，会招来很多人的怨恨。这时，假使他们在哥哥身上找不到破绽，便会从我的亲戚和子弟身上寻找错处来加以报复，这完全在我的意料之中。因此，你们生为我熊希龄的弟弟，就更应该步步谨慎，遵守规矩，只有这样才能不让人挑出错误来；若你们稍微放松警惕，祸端就会落在你们身上。我自己想做公家人，可是各个地方都在连累弟弟们，弟弟们有什么好处呢？古人曾说："过于追求公正，私欲反而会滋生；过于追求道义，私利反而会存在。"义与利的界限是绝不允许混淆的，混淆便会落到追求荣誉不成反而遭受耻辱的境地。我将之前写给瑞莘帅的信抄给两位弟弟看看，我平生的宗旨都在上面。弟弟们若是认为我的所作所为符合道义，之后就应该改掉所有不好的言行，而不是认为哥哥和你们相隔万里，不会知道你们所说的和所做的。

二、慎友重贤的交友观

（一）交友必慎所择，不可不辨

交友，是每个人生活中必不可少的行为。人生一世，可以无亲，不可无友。《孔子家语》云："丹之所藏者赤，漆之所藏者黑，是以君子必慎与处者焉。"交友是一门学问，如何交友，交什么样的朋友是一个人世界观、价值观和人生观的体现，也是人品和修养的折射，关乎一个人的成长进步、身心健康和事业成败。因此，古往今来，许许多多的名人志士在交友方面总是慎之又慎、三思而行。

成功的方式有很多种，其中之一便是学会和比自己优秀的人做朋友。曾国藩年少的时候天分不低，但那时天天跟庸碌鄙俗的人相处，孤陋寡闻，以至于天分和见识闭塞了很长时间。乙未年进京后开始立志做学问，也没有优秀的朋友。后来结识了几个良友，他才知道有经学、经济之学，才知道古代的圣贤也是可以学习的。交友前后的这些对比，让曾国藩感触颇深。他写信给弟弟们，语重心长地告诫他们："人一生的成功和失败，都和朋友贤明与否紧密相关，不能不慎重交友。”

左宗棠的柳庄故居门楼两侧有这样一副楹联：“慎交友勤耕读，笃根本去浮华。”短短十二个字，不仅体现了左宗棠谨慎交友、勤奋耕读、安于寒素、力克浮华的家教思想，也体现着左宗棠对于子孙后代的深深期许和谆谆告诫。左宗棠对子侄辈的交游活动尤为关注。他对吃喝嫖赌抽等恶习深恶痛绝，严厉地警告子侄，万万不可与沾染这些恶习的人交往。左宗棠告诫儿子，应当亲近人品端正、学问渊博的人，严禁其与品德不高之人交往。由此可见左宗棠对交友的重视。

“近朱者赤，近墨者黑。”众多湖南家族家训中记载着慎重交友、交友必有所择的思想。宁乡马氏家族充分认识到了朋友的两面性：人的知识因为好的朋友而得到拓展，人与人之间的情谊因为好的朋友而更加坚定；同时，学问浅薄、心术不端的人是险恶难测的，人也最容易被这样的朋友所陷害。因此，在交朋友这件事上不可以不谨慎。衡山刘氏家族也认识到与小人为朋和与君子为朋而产生的两种截然相反的结果，告诫子孙朋友有真伪，交友不可不辨。

善交益友，受益终生；误交损友，贻害无穷。朋友在人生中是不可缺少的存在。实践证明，择君子而处，择善良而交，才能提升生命的质量，获得人生的幸福。

胡达源：掌握识人的本领，即可保全自己和家庭

——《弟子箴言·亲君子》

在上者知人，则平治天下之道也；在下者知人，则保安身家[1]之道也。君子小人之分，可不早辨哉！然而未易辨也。且即其性情之发于外者，观之曰刚直，曰平正，曰虚公，曰谦恭，曰敬慎，曰诚实，曰特立，曰持重，曰韬晦，曰宽厚慈良，曰责己必严，曰嗜欲必淡，曰好恶有常，曰见其远大，曰隐恶扬善。君子之道，虽不尽乎此，而即此可以得其概矣。小人反是，曰柔佞，曰偏僻，曰徇私，曰骄慢，曰恣肆，曰险诈，曰附和，曰轻捷，曰表暴，曰苛刻残忍，曰律人必甚，曰势利必热，曰喜怒无定，曰狃于近小，曰妒贤嫉能。小人之道，虽不尽乎此，亦即此可以得其概矣。

其道德无所不包，其经济无所不备，可经可权，可常可变。古有其人，读书而尚友之；今有其人，景行而亲炙[2]之。

百步之外，树正鹄而射者，识其的之有定也。五都[3]之肆，操规矩而匠者，识其巧之有凭也。百行之中，慕圣贤而师者，识其学之有本也。

水行者不可无舟楫，陆行者不可无鞭策[4]。君子，其为人之舟楫、鞭策乎？

---

[1] 身家：对自身和家庭的合称。

[2] 亲炙：直接受到传授、教导。

[3] 五都：五方都会，泛指繁盛的都市。

[4] 鞭策：赶马前进的鞭子。

候砖景而丝丝递增者，人每不觉；砺品行而寸寸加益者，人亦不知。此不知不觉中，其熏陶默化，受益良深。

译文

居上位的人掌握了分辨人的本领，就可以平定、治理天下；普通人掌握了分辨人的本领，就可以保全自己和家庭。君子和小人，岂能不早早辨别出来！然而辨别不是一件容易的事。一个人的气质和秉性表现出来，可能是刚直的，是平正的，是公正无私的，是谦恭的，是恭敬谨慎的，是诚实的，是操守坚定的，是稳重的，是低调收敛的，是宽容厚道的，是严于律己的，是欲望不多的，是好恶有常的，是志向高远的，是隐恶扬善的。君子的品性，虽然上面这些不能全部概括，但也可以得到一个大概。小人则恰恰相反，是伪善谄媚的，是古怪怪僻的，是因自私而放弃原则的，是为人傲慢的，是骄横放肆的，是阴险狡诈的，是随声附和的，是轻浮易变的，是自夸自炫的，是刻薄残暴的，是要求他人太严的，是急切想得到权势与财利的，是喜怒无常的，是拘泥于小事的，是妒贤嫉能的。小人的品性虽然并不是全是如此，但在这里也可以得到一个大概。

君子的道德是无所不包的，君子治理国家也无所不备，可以行常道，也可以行变通之道。以前有人通过读书和古人交朋友，现在有人景仰君子，并直接受到了他们的教导。

百步之外竖立箭靶来射箭的人，知道他瞄准的目标是不会变的。在繁盛的都市之中，拿着规矩等工具制作器物的工匠，知道他的技巧是有所依仗的。各行各业之中仰慕圣贤而效法他们的人，知道其所学习的东西是有根源的。

在水上行进的人不能没有船和桨，在路上驾马行走的人不能没有鞭子。君子难道不是人们学习为人的船桨和马鞭吗？

观察墙影而影子渐渐拉长的时候，人们常常没有发觉；磨砺品行而品行不断增长的时候，人们常常也不知道。人是在这种不知不觉中受到熏陶，潜移默化之中受益匪浅。

曾国藩：一生之成败，皆关乎朋友之贤否

——《致澄弟温弟沅弟季弟》

兄少时天分不甚低，厥后日与庸鄙[1]者处，全无所闻，窍被茅塞[2]久矣。及乙未到京后，始有志学诗古文并作字之法，亦泊无良友。近年得一二良友，知有所谓经学者、经济者，有所谓躬行实践者，始知范、韩可学而至也，马迁、韩愈亦可学而至也，程、朱亦可学而至也。慨然思尽涤前日之污，以为更生之人，以为父母之肖子，以为诸弟之先导……此外择友则慎之又慎。昌黎曰："善不吾与，吾强与之附；不善不吾恶，吾强与之拒。"一生之成败，皆关乎朋友之贤否，不可不慎也。

[1] 庸鄙：平庸鄙俗。

[2] 茅塞：比喻思路闭塞，或愚昧无知。多作为自谦之词。

译文

我年少的时候天分其实不低，但那时天天跟庸碌鄙俗的人相处，孤陋寡闻，以至于自己的天分和见识闭塞了很长时间。等到乙未年进京后我才开始立志学习诗词、古文及书法，也没有好的朋友。近年来寻到了一两个良友，才知道有所谓经学、经济，有所谓躬行实践者，才知道范仲淹、韩琦的事功可以学到，司马迁、韩愈的文章也可以学到，程颐、朱熹的道德修养也可以学到。感慨之余，便想洗心革面，做获得新生的人，做父母的好儿子，做弟弟们的先导……此外，选择朋友要谨慎再谨慎。韩愈说过："好的事情即使与我无关，我也会努力关注并支持；不好的事情即使不是针对我的，我也会尽力抵制。"人一生的成功和失败，都和朋友贤明与否紧密相关，不能不慎重交友。

左宗棠：亲近爱慕端人正士及学问优长之人

——《与孝威》

数年来，军事倥偬[1]，未暇教尔。观尔此次之进京会试，知尔之敢于违命也。尔母腊底春初病甚危笃，尔虽有忧戚之语，而一闻母病渐痊，准尔赴试，辄复欣然。试事[2]报罢，犹复流连，不即归省视，知尔之忍于忘亲也。尔不知读书力学，惟希

[1] 倥（kǒng）偬（zǒng）：多而急迫，急迫匆忙。

[2] 试事：指考试之事。

世俗科目为荣，知尔之无志。于端人正士及学问优长之人不知亲近爱慕，而乐与下流不若已之人为伍，知尔之无是非。

…… ……

贺季和，汝妻兄也；黎尔民，尔姊夫也。骨肉之亲，情与理均须曲至[1]，惟宜相规以善，彼此期于有成。若徒谑浪笑傲[2]，饮食征逐[3]，但有损并无益也。尔知之否？吾三十五岁始得尔，爱怜倍至，望尔为成人。尔今已长大，而所学所志如此，吾无望矣，一叹！

译文

多年来我军务繁忙，没有时间教导你。从你这次进京参加会试，我就知道你敢于违背我的意愿。你母亲腊月底、春月初时病情加重，十分危急。你虽然口头上为母亲担心忧虑，但一听你母亲病情渐好，准许你赴京考试，就又变得高兴起来。考试之事结束之后，你还在京城流连，不马上回家探望你母亲，知道你竟忍心忘记照顾母亲的责任。你不知道努力读书，只希望以世俗的科举功名为荣，由此知道你没有高远的志向。你不知道亲近人品端正、学问渊博的人，反而喜欢与品德不高、不如自己的人交往，由此知道你不明是非。

…… ……

贺季和，是你妻子的兄长；黎尔民，是你的妹夫。你们是

[1] 曲至：周到。

[2] 谑浪笑傲：形容戏谑笑闹，出自《诗经》。

[3] 征逐：指朋友之间频繁交往，相互宴请。

骨肉之亲，于情于理你都应该对他们多加照顾，应该相互规劝从事善行，期望彼此有所成就。如果你只戏谑玩闹，与朋友相互宴请，那就有害无益。你是否知道？我三十五岁才有你这个儿子，对你万分疼爱，盼望你长大成人。你如今已经长大，学问与志向却是如此，我对你已经没有期望了，一声长叹！

宁乡马氏家训：金兰之雅，无如结纳

父子情亲，君臣分隔，金兰[1]之雅，无如结纳。与良友而参今古，如读异书；得正士而进箴[2]规，自安攻错[3]。知识以友而开，性情以友而笃，嘤鸣之谊[4]，至不可少也。第或学问浅陋，性术不端者，人心惟危，亦最易为其所破坏，是诚不可以不慎。下之勤耕苦力，居必择邻；服贾牵车，商必择伴；邻女情联纺绩，篝火亦有余辉。甚勿漫为狎昵[5]而不惧也。

译文

父子间的深厚亲情，君臣间的上下有别，金兰结拜的兄弟之情，都比不上结交朋友。同良友一齐参悟交流古今之事，就像读了不同的书；得到了正直之人的好言规劝，便自然能借他

[1] 金兰：原指朋友间感情契合，后来用作结拜为兄弟姐妹的代称。

[2] 箴（zhēn）：劝告，规诫。

[3] 攻错：借他人的长处，补救自己的短处。

[4] 嘤鸣之谊：比喻与志同道合的朋友结下的情谊。嘤鸣，指鸟儿在嘤嘤地鸣叫，寻求同伴的回声。

[5] 狎昵：指过于亲近而态度不庄重。

人的长处来补救自己的短处。人的知识因为朋友而拓展，人的性情因为朋友而忠厚，和志同道合的朋友结下情谊，是必不可少的。也有学问浅薄、心术不端的人，其用心是险恶难测的，我们也最容易被这样的人陷害，所以在交朋友这件事上不可以不谨慎。如果是辛勤耕作，靠力气谋生，那么安居时必须仔细选择邻居；如果以经商为业，那么必须选择好经商的同伴；邻里的女子们因织布纺纱建立情谊，篝火也时常如落日余晖般宁静祥和。切记不要随便和人过于亲近而态度不庄重且毫无畏惧。

湘阴任氏家训：人不可无交，而交尤不可不慎

朋友居五伦[1]之一，必心志相孚，丽泽相资，乃为金兰之契。而尤必须胜己者，见闻博洽，可以扩吾知识；正直针规，可以镜吾得失；道义孚[2]恰，可以济吾缓急。此友之益我者。若夫骄傲之士，喜怒无常；势利之流，炎凉可鄙。贪婪者见利忘义，阴险者貌合情乖[3]。始以为友，终或成仇，此岂可与交者哉？甚至淫纵之徒，以邪僻而诱我；凶恶之辈，以罪逆而陷我；宴安之子，以流荡而染我。则损我已多，害将胡底！故人不可无交，而交尤不可不慎也。

[1] 五伦：指君臣、父子、兄弟、夫妇、朋友五种伦理关系。

[2] 孚（fú）：为人所信服。

[3] 貌合情乖：指两个人表面合得来，实际上感情不和。

译文

朋友属于五种基本伦理关系之一，必须情投意合，彼此相助，这样才是金兰之交。而且他必须超过自己，见识广博的人，可以扩充自己的知识见闻；正直不阿、恳切规劝的人，能像镜子一样反映自己的得失；有道义和信用的人，可以在危急之际给我帮助。这样的朋友是有益于我的。至于那些骄傲自满的人，喜怒无常；那些趋炎附势之辈，对待地位不同的人，亲热冷淡的态度截然不同，令人鄙薄。贪婪的人见利忘义，阴险的人貌合神离。和这样的人一开始成为朋友，最终可能变成仇人，这些人难道是值得相交的吗？甚至那些荒淫放纵的人，以不合正道的事情来诱惑我；穷凶极恶的人，用犯罪谋逆的事情来构陷我；安逸享乐的人，以流俗放荡的事情污染我。这样的人对我的危害很多，而且害处是深不见底的！所以为人不能没有交游，但是与人交往的时候一定要谨慎。

衡山刘氏家训：交友必慎所择

朋类有真伪，孚于嘉则吉，比之匪则伤，交友者不可不辨。唐彪曰：“上士择交，必择文行忠信、才能胜己之人；下士择交，多嫉胜己者，而喜面谀讪己[1]之人。”夫此上士下士之交，即欧公“君子与君子为朋，小人与小人为朋”之谓也。

[1] 面谀讪己：当面恭维，背后毁谤。

古诗云："君子淡如水，岁久情愈真。小人情如蜜，转眼成敌邻。"故交友必慎所择也。苟不择而谬与小人为朋，始相蜜，继相引，今日花街，明日赌场，弄得他昏迷颠倒，产破家倾，而犹不肯释手。东野云："面结口头交，肚里生荆棘。"此辈是也。惟与君子为朋则异是，盖直谅多闻，允为辅仁[1]之助，而疾恸患难，尤相维而相顾。昔管、鲍、杜、左、罗圯（yí）、吴庭举辈，所以独称生死交也。夫凶终隙末，世亦不乏，究其病根，皆始之不慎而处之不善。王阳明曰："大凡朋友，须箴规指摘处少，诱掖奖劝[2]意多。"庶几相视莫逆[3]，而《谷风》之怨[4]以泯乎！

译文

朋友有真有假，德行美好的朋友带来好事，行径不端的朋友带来损害，所以交朋友不能不加以辨别。唐彪说："上等的士人交友，一定会选择那些言行忠信、才能超过自己的人；下等的士人交友，大多会嫉妒能力胜过自己的人，而乐于结交当面恭维自己的人。"这里所说的上士、下士的交友，就是欧阳修所说的"君子与君子交朋友，而小人与小人交朋友"。有一句古诗说："君子之间的交往像水一样清淡，时间久了愈发真挚。小人之间的感情像蜜一样甜腻，转眼间就又相互成为仇敌了。"所以

[1] 辅仁：谓培养仁德。
[2] 诱掖奖劝：引导扶持，奖励劝勉。
[3] 相视莫逆：谓彼此友谊深厚，无所违逆于心。
[4]《谷风》之怨：指《诗经·小雅·谷风》，是怨朋友相弃之诗。

交朋友必须谨慎选择。如果不仔细选择而错误地和小人成了朋友，那么一开始像蜜一样甜腻，然后就会被引诱，今天逛花街，明天逛赌场，弄得自己昏昏沉沉颠倒是非，倾家荡产了却仍然不肯放手。孟东野说："表面上非常亲热和友好，肚子里却有害人的想法。"说的正是这类人。和君子做朋友则全然不同，他们正直诚信而见多识广，能帮助培养仁德，尤其在遭遇疾病苦难的时候，会相互帮扶照顾。昔日管仲、鲍叔牙、杜伯、左儒、罗圯、吴庭举等人，正是因此而称作生死之交。那些不能好好结束而最后生了嫌隙的友情，世间也有不少，追究起来，都是开始的时候不谨慎而且没有好好相处。王阳明说："大抵作为朋友的，必须劝诫规谏、指摘批评的地方少，而引导扶持、奖励劝勉的情意多。"或许这样就能成为莫逆之交，而像《谷风》中那样抱怨朋友抛弃的事就不会发生了。

湘乡吴氏家训：交游之间，最宜审择

吕希哲曰："内无贤父兄，外无严师友，而能有成者，鲜矣。"吕本中曰："行有不至，从容规戒者，朋友之任也。"管子曰："游居有常，必就有德。"张横渠曰："接朋友不能下朋友。"孔子曰："吾死之后，则商也日益，赐也日损。商也，好与贤己者处；赐也，好与不若己者处。与善人交，如入芝兰之室，久不闻其香，则与之化矣。与不善人交，如入鲍鱼之肆，久不闻其臭，亦与之化矣。丹之所藏者赤，漆之所藏者黑，是以君子必慎其所与处焉。"朱子《戒子书》曰："交游之间，最宜审择。

大凡敦厚忠信，能攻吾过者，益友也。谄谀轻薄[1]，傲慢亵狎[2]，道[3]人为非者，损友也。以此求之，百不失一。但恐自己偏僻[4]卑污，不能克己从善，则益友不期疏而日远，损者不期亲而日近。此须痛加检点而切革之，不可荏苒渐习，自趋于小人之域。戒之慎之！”

译文

吕希哲说：“如果在家没有贤明的父兄，在外又缺乏严格的师友，则成功的希望实在非常渺茫。”吕本中说：“行为有不完备的地方，朋友应该担起从容匡正劝诫的责任。”管子说：“出外居家，都要有个常则，就是必须接近有才德的人。”张横渠说：“和朋友交往要谦恭。”孔子说：“我去世后，子夏会比以前进步，而子贡会比以前退步。子夏喜爱和比自己贤明的人在一起；子贡喜欢和才智比不上自己的人相处。常和品行高尚的人在一起，就像住在种植芝兰满是香气的屋子里一样，时间长了便闻不到香味，但本身已经充满香气了。和品行低劣的人在一起，就像到了卖咸鱼的店铺，时间长了便闻不到臭了，也是融入环境里了。藏丹的容器会变红，藏漆的容器会变黑，所以说真正的君子必须谨慎选择自己所处的环境。”朱子《戒子书》说：“交朋友要慎重而有选择。一般来说为人忠厚老实，能直言

[1] 谄谀轻薄：言行谄媚阿谀、轻佻放荡。
[2] 亵狎：轻慢，不庄重。
[3] 道：引导。
[4] 偏僻：孤陋，见识短浅。

自己缺点和过失的，是好朋友；那些阿谀奉承、出言轻薄，傲慢放荡，教人做坏事的，是坏朋友。假如按照这个标准来找朋友，那就百无一失了。就怕自己见识短浅人品低劣，不能克制自己接受别人的正确意见，这样，益友虽不想疏远也自然而然地疏远了，损友虽不想亲近却日益亲近了。这就需要严加检查约束，克服自己的弱点，不要逐步染上这些坏习惯，进入小人的圈子里。一定要警惕审慎地对待这件事！”

衡山周氏家训：一生一死，乃知交情

唐彪曰：“上士择交，必择其可畏、可敬者交之，期有益我之身心学问也。中士择交，或多交同等之常人耳。至下士，惟便嬖善柔[1]，谗陷面谀[2]之是好矣。善饮好狎（xiá），佐我之欢乐者也；博记淫书，助我之好色者也。甚有无良之人，利我资财，则百计诱我造恶，事败祸生，悔何及矣！”

翟公曰：“一死一生，乃知交情；一贫一富，乃知交态[3]；一贵一贱，交态乃见。”

译文

唐彪说：“贤能的人选择朋友，一定会选择那些值得敬畏的人相交，希望能帮助自己修养身心、拓展学问。一般的人选

[1] 便嬖（bì）善柔：能说会道，善于迎合。善柔，阿谀奉承。

[2] 谗陷面谀：谗害他人，当面恭维。

[3] 交态：犹言世态人情。

择结交朋友，可能多半选择和自己水平一样的普通人。而品行低劣的人，则只喜好同那些能说会道、善于迎合且谗害他人、当面恭维的人结交。善于饮酒、放荡亲昵的人，怂恿我安逸享乐；广泛阅读淫书的人，引导我喜好声色。甚至有一些没有德行的人，觊觎我的财产，千方百计诱惑我去为非作歹，等到事情败露祸及自身的时候，怎么来得及后悔呢！”

翟公说：“一对好朋友，当一个面临生死困境，另一个生活稳定平安时，才能看出他们的交情；一个潦倒贫穷，另一个大富大贵时，才能看出世态人情；一个身份高贵，一个身份低贱时，才能看出两人是否有友谊。”

醴陵黄氏家训：友者，五伦之一，赖以劝善规过

友者，五伦之一，赖以劝善规过，成吾德业，借以救灾恤难，备吾缓急，非徒搏声气[1]已也。孔子教人为学，无友不如己者。又详言益者三，损者三[2]。尝见读书子弟，学业无成，流于匪僻[3]，皆自交友坏之。不特此也，耕作无好伴，荒废多而收获少；工商无好伴，财利失而事故生。甚至结党引类，驰情柳巷花街[4]。否则携手同行，快志牌场赌局。抑或同盟拜

[1] 声气：声音和气息，后用以比喻朋友间志趣相投。

[2] 益者三，损者三：指友直，友谅，友多闻和友便辟，友善柔，友便佞。

[3] 匪僻：邪恶。

[4] 柳巷花街：指妓院或妓院聚集之处、烟花之地。

佛，吃斋念经，入于邪教，此为国法所不容。凡我族人，居家最宜严肃，交好人，接好友，庶异歹无从而入，子弟不至于坏。昔马伏波《戒兄子严敦》曰：“龙伯高敦厚周慎，口无择言，谦约节俭，廉公有威，吾爱之重之，愿汝曹效之。”与交游者，斯言诚可法也。

译文

朋友属于五种基本伦理关系之一，我们依赖朋友来劝导我们行善，规劝我们的过错，成就我们的德行和事业，我们依赖朋友在危难时提供帮助，为紧急情况预做准备，而不仅仅是为了找寻一个和自己志趣相投的人。孔子教导人治学，说不要和不如自己的人交朋友。又细说了益友有三种，损友也有三种。我曾经见过一些处在读书年纪的子弟，他们学业无成，而且成了为非作歹的人，这都是从交了坏朋友开始的。不单单是这件事。耕作的时候没有好伙伴，所荒废的土地就会很多而收成减少；经商的时候没有好伙伴，就会损失财富利益并且发生意外的变故。坏朋友们结成党羽呼朋引类，成日里游荡在烟花之地。要不然就是手拉着手一起去牌场赌局里快意消遣。或者是约好了一起信仰佛教，吃斋念经，却误入了邪教，这是国家律法所不能容忍的。但凡是我们家族的人，在家最应该保持严肃，结交善良的人，结识好的朋友，也许只有这样，那些坏人才钻不了空子，后辈子弟们也不至于被带坏。东汉的马援在《戒兄子严敦》一文中说：“龙伯高这个人敦厚诚实，周密谨慎，说的话没有什么可以让人指责的。谦虚节俭，又不失威严。我爱护他，敬重他，希望你们向他学习。”和人相交，这些话的确是值得借鉴的。

长沙瞿氏[1]家训：戒滥交

戒滥交。朋友居五伦之中，原取其直谅多闻，可以绳吾愆[2]而励吾德也。后世所谓朋友，酬酢[3]往来，文貌相厚[4]，惟利是视，易合易离。又见有乍投胶漆[5]，可以约为弟兄，而退有后言，遽（jù）加讪谤，若此类者，鬼蜮（yù）其状，蛇蝎其心，安得谓之朋友哉？侪偶[6]之中，求其光明笃实，历久不变，间有一二，直如威凤祥麟[7]矣。此必结契独真，两心相印，其他不过泛泛相接，乃可云不滥也。至于邪僻奸宄[8]之辈，当谨避之，所谓见不善如探汤，又岂得以交论乎？

[1] 长沙瞿氏始祖伯福公在明朝洪武年间以神武卫百户迁居至长沙岳麓之西。九传至叔美公，迁居至善化（今长沙）西冲。瞿氏家族的瞿鸿禨为同治十年（1871）进士，晚清时曾任军机大臣。

[2] 愆（qiān）：过失，罪过。

[3] 酬酢（zuò）：宾主互相敬酒，泛指交际应酬。

[4] 文貌相厚：以礼文仪节来结下深厚交情。

[5] 乍投胶漆：比喻因忽然间的情投意合而相交。

[6] 侪（chái）偶：伙伴，伴侣。

[7] 威凤祥麟：麒麟和凤凰，古代传说是吉祥的象征，只有在太平盛世才能见到。后比喻非常难得的人才。

[8] 奸宄（guǐ）：犯法作乱的人或事。

译文

不要胡乱交朋友。朋友属于五种基本伦理关系之一，原本是希望朋友的正直诚信、见多识广可以纠正我的过失，成就我的德行。后世所说的朋友，酒桌上推杯换盏，平日里礼节烦琐，眼中却只有利益，结交和断交都很容易。又曾见过有的人初相识就十分亲热，甚至以兄弟相称，但是分开后就相互诽谤诋毁。这样的人，形象就如鬼怪一样可怖，心就像蛇蝎一样恶毒，怎么能称作是朋友呢？寻找伙伴，要找那些正义忠厚、经过很久也不改初心的人，这样的人能有一两个，已经是非常难得了。和这样的人结交，才彼此真诚，了解对方的心意，和其他的人不过是泛泛之交，这样才可以称得上是没有胡乱交朋友。至于那些邪恶奸诈的人，一定要谨慎地避免和他们交往，如俗话所说，见到不好的人，就像把手伸进开水里面一样，要迅速离开，又怎么能够和他们谈交情呢？

三、“亲仁善邻，慎己宽人”的处世观

（一）亲仁善邻，忠厚传家

邻里同乡关系历来为传统家族所重视，自古以来，“邻里好，赛金宝”等说法是代代相传的处理邻里关系的原则。《左传·隐公六年》曾记载：“亲仁善邻，国之宝也。”意思是说，与仁者亲近，与邻邦友好，这是立国的法宝。中华民族是重信义讲情义的智慧民族，和睦的邻里关系对于中国人具有特别重要的意义。“亲仁善邻”，体现着中华文化独有的仁爱与和善，承载着中华民族特有的宽厚与包容，是中国人的处世之道，是中华民族所追求的道德境界之一，也是中华民族在自强不息和兼收并蓄中所形成的历久弥新的价值观念，更是保证一个国家长治久安、繁盛昌隆的基本价值观。

清代兵部尚书、衡阳人彭玉麟堪称亲仁善邻、忠厚传家的典范。他秉性刚直，所结交的朋友也都是仁德之人。彭玉麟曾告诫子孙，与人结交，无论是读书的还是不读书的，俱要拣取老成忠厚之人，而后可以共事。曾国藩被称为“古今一完人”，不仅学识过人而且品德端正，彭玉麟一直将曾国藩视为自己的老师，向其学习请教。彭玉麟不仅与曾国藩关系密切，与晚清硕儒王闿运、俞樾的关系也极好。他生活简朴，心系家乡父老，奉行“守财不施，谓之钱奴”的原则，每月的收入大部分都用来周恤穷困之人。他率湘军水师攻陷田镇后，朝廷赏了四千两白银，他却悉数用来救济家乡的穷苦百姓和穷亲戚，并嘱咐叔父拿出部分办一所学堂，希望为国家多培养人才。

湘乡易氏家族是当地远近闻名的一个大家族。一代祖易炎正为元朝延祐年间的进士，善政著闻，尤邃于学，人称“涟溪先生”；四代祖易华，于元末集义兵保御湖南，以军功授参政；十二代易道生，多著述，门人和后进私谥为“孝文先生”……易氏家族人丁兴旺，人才辈出，与其秉承“和睦邻里”的家训有关。易氏家训认为，同族之人应当考虑同宗同根之谊，不能以分房分支为心，应当讲求和睦团结。同时要求族人推而广之，具备民胞物与的博大胸怀：同乡之人应该相互友爱，四海之内皆兄弟。湘乡易氏家族因此获得宽松和谐的发展环境，家族兴旺发达。

与邻为善、忠厚传家是中华民族的传统美德，是我们祖先留给我们的珍贵财富。在现代社会，继承和发扬这一传统，仍有其积极价值和意义。

胡达源：四邻睦则比户可封

——《弟子箴言·睦族邻》

《周礼》，教法始于六乡[1]。“孝、友、睦、姻、任、恤”谓之六行，善于父母为孝，善于兄弟为友，而“睦、姻、任、恤”，则统于族邻而言之也。州长每岁四读法，党正[2]七读法，族师[3]则十四读法。弥亲民者，于教亦弥数。其于六行，与六德、六艺并考之，且书以劝之，所以为三年宾兴之本也。故其时人才众多，风俗淳厚，盖教法之所由渐摩[4]者久矣。

“五家为比，使之相保。五比为闾，使之相受。四闾为族，使之相葬。五族为党，使之相救。五党为州，使之相赒[5]。五州为乡，使之相宾。”居虽异而辑睦若一家，人虽众而和合若一心。司徒教之，则相为仁让焉。司马用之，则相为忧患焉。此周公建太平之基也。比、闾、族、党之法，虽已不行，而所谓相保、相受、相葬、相救、相赒、相宾者，要须识得此意。

九族睦，则根本不摇，积而至于万族，天下之势于以固焉。四邻睦则比户可封，积而至于万邻，天下之众于以萃焉。此中聚散离合之故，全赖此一“睦”字以联之。

[1] 六乡：周代的一种管理制度。京城之外百里以内，分为六乡，每乡设乡大夫管理政务。六乡分别为比、闾、族、党、州、乡。

[2] 党正：周时地方组织的长官，管辖五百家。

[3] 族师：周代地方组织的长官，管辖百家。

[4] 渐摩：教育感化。

[5] 相赒（zhōu）：相互救济。

合族之人，虽在疏远，饮食赡之，教诲成之，祖宗之心也。同里之人，即属卑贱，礼意接之，恩惠周之，父老之愿也。此心此愿，吾辈岂可一日忘之！

望衡对宇，聚族而居，择邻而处。或为伯叔兄弟之亲，或系朋友婚姻之好，情亲义笃，何等郑重！何等关切！乃或以园蔬牲畜，或以僮仆语言，因小忿而致大嫌，口角不已，遂成争讼，皆由不知反已，专在责人。试转一念，见得自己的见识小，客气多，便觉冰消雪释，了无一事矣。

译文

《周礼》说，教育民众的法令来源于乡规民约。“孝、友、睦、姻、任、恤”是西周大司徒教民的六项行为标准。其中，孝是指侍奉父母，友是指爱护兄弟，“睦、姻、任、恤”则都是对族人乡邻来说的。州长每年对州民进行四次法律教育，党正每年对民众进行七次法律教育，族师每年对乡民进行十四次法律教育。越亲近民众的人，对民众的教育越频繁。他们对管辖的民众从六行、六德和六艺这三个方面进行整体考核，并且书写出来规劝民众，这成为荐举贤能的根本。因此当时出了很多有才能的人，社会风俗也十分敦厚质朴，这都是因为教育长久浸润的影响啊！

“五家为一比，让他们互相救助。五比为一闾，让他们互相托付。四闾为一族，让他们家中有丧葬之事时互相帮忙。五族为一党，让他们在遭到凶祸之时可互相救助。五党为一州，让他们遇到经济困难时可互相救济。五州为一乡，让各家都尊贤敬德。”虽然大家不住在一起，但是像一家人一样和睦相处；虽然人数众多，但是能团结一致。司徒教导民众，使民众友好谦让地对待彼此。司马施行法规，使民众一起面对忧患。这些都是周公建立太平社会的基础。虽然现在已经不再使用比、间、族、党的方法来管理地方了，但是相保、相受、相葬、相救、相赒、相宾中蕴含的邻里美德还要继续保持下去。

亲属间和睦友好，那么家族的根本就不会动摇，将亲属和睦推广到众多的家族，天下的局势也会稳固下来。周围邻里友好和睦，就会风俗淳美。将邻里和睦推广到众多的邻里之间，那么天下的老百姓都能凝聚在一起。这其中发生聚散离合的原因，全都和“睦”字有关。

同宗族的族人，在血缘上存在着亲疏的差别，但如果能为贫困老弱的人供给饮食，将各家子弟教育成才，也算是完成了祖宗的心愿。同乡的人，即便是出身或地位低下，也应该恭敬地接待他，给予他好处和照顾，这也算是父老乡亲的心愿。这些心愿，我们应该时时刻刻放在心上。

亲族乡党住所相距很近，可以相互望见，大家和族人居住在一起，选择有仁德的人做邻居。我们或者有伯叔兄弟的亲情，或者有朋友姻亲的情谊，感情真挚，情意浓厚，十分的殷勤！多么的关切！现在有些人，菜园的蔬菜被牲畜吃了，或者被别家仆人的话语冲撞了，如此等等，因为这样小的怨气产生大的仇恨，不断发生争吵，最后发展到去官衙打官司的地步。以上种种都是因为不去反思自己的行为，而是一味地指责他人导致的。如果我们试着换一种想法，看到自己见识小，要对他人多些谦让，便会感到矛盾一下子就解开了，没什么大事。

胡林翼：义学之设，尤惬吾意

——《致敏弟》

久不接来信，正驰念间，黄安来，始悉近状佳胜。义学[1]之设，尤惬吾意。大凡人生最苦者，莫苦于欲学而无从。富贵家子弟藏书万卷而不肯读，寒苦者有志研求而无力以致书，此亦不平事也。吾弟悯念寒畯[2]，特设义学，聘请名师，分给书本，予以知识，而不责其偿。每季之末，试列前茅者并奖以膏火[3]，此其用心，可谓周挚[4]。吾家自乡贤公以下，无不竭力提倡读书。弟今又推己及人，能继先志矣。尤望持之以恒，行之以毅，使功效不仅在一时也。

译文

我很久没有收到你的来信，正想念你的时候，黄安到我这里来，才知晓你近来状况十分好。开办义学，尤其符合我的心意。人生中最痛苦的事，莫过于想学习却没有机会。富贵人家的子弟，家里收藏着大量的书籍，但他们不愿意去学习。寒门

[1] 义学：旧时一种免费学校，资金来源为地方公益金或私人筹资。

[2] 寒畯（jùn）：出身寒微而才能杰出的人。

[3] 膏火：学生学习期间的花费。

[4] 周挚：至为真诚，至为笃厚。

子弟有志向做学问，却没有钱购买书籍，这真是一件不公平的事情。弟弟你怜惜那些出身贫寒而才能杰出的人，专门开办义学，聘请名师，提供书本，让他们能学习知识而不求回报。每季季末，还给考试成绩位于前列的人一定的奖励，其中所含的心意，可以说是十分真诚笃厚了！我们家从乡贤公以来，都尽力倡导读书。弟弟你现在又设身处地为别人着想，能够将先人的志向继承下来。希望你能持之以恒，坚毅前行，让义学带来的功效能一直延续下去。

宁乡马氏家训：乡党能和，风俗于兹厚矣

古者五族为党，五州为乡，姻睦任恤之教，由来尚矣。圣王之世，耕者让畔，行者让路，出入相友，守望相助，疾病相持扶，谊何笃也。晚季俗尚浇漓[1]，自私自利，或爨火久虚，置之度外，颠连困苦，漠不相关。更有睚眦[2]小衅，一或不戒，凌竞以起，遂至屈辱公庭，委身法吏。负者自觉无颜，胜者人皆侧目。里巷之近，动相猜忌，报复相寻，何以安生乐业，为子孙长久计哉？是故人无贤否，概接之以温厚；事无大小，皆处之以宽和。毋恃富以吞贫，毋挟贵以凌贱，毋饰智以欺愚，毋倚强而凌弱。人或过分，常以情恕，非意干相，动以理遣。我既有包容之度，彼必生愧悔之良。容人

[1] 浇漓：浮薄不厚，多用于指社会风气。
[2] 睚眦：瞪眼，比喻极小的仇恨。

所不能容，忍人所不能忍。性量恢宏，小忿断无不释。乡党能和，风俗于兹厚已。

译文

古时以五族为党，五州为乡，邻里和睦、婚姻美满、任贤与能、体恤百姓的教诲，历来便受到推崇。圣王执政的时候，农民让田，行人让路，出入做伴，互相帮助，生病时相互扶持，交情何其深厚。晚近社会风气浮薄，人们自私自利，看到别家揭不开锅却完全不放在心上，看到别人颠沛流离生活困顿却冷漠无情。还有些人本来只有极小的仇恨，一次稍微没处理好，就不依不饶，去公堂打官司，将清白托付给法官。输了的人，觉得没有面子；赢了的人，别人都厌恶他。住在同一条巷子里的人，动不动就相互猜疑，互相报复，怎么能安居乐业，为后代谋幸福呢？所以，人无论是否有才德，都要温和厚道地跟他相处；事情无论重要与否，都要宽厚谦和地去处理。不要仗着富贵去欺负穷人，不要仗着权势去欺负地位低的人，不要假装智慧去欺负愚钝的人，不要仗着强大去欺负弱小的人。人有时过分，要经常以情宽恕他；他若不是故意冒犯，便用理智来排遣。我既然有包容他的度量，他必然会生出愧疚悔恨的良知。包容别人不能包容的，忍受别人不能忍受的。性情宽厚、度量广大，生气的事情就都释怀了。同乡的人能够和气地相处，这个地方的社会风尚也就变得淳厚了。

湘潭马氏家训：愿族人遍行阴骘，广种福田

《大圣》曰：“见义不为，无勇也。”夫义者事之宜，宜为者而不为，则不宜为者无不为矣。近日人心浇薄[1]，习染奢华，凡富豪之家，栋宇则必极其恢宏，衣服则必矜其美丽，饮食则必求其肥甘，甚至冠婚丧祭[2]，肆筵设席，好尚铺张，有耗费多金而不惜者。遇乡邻一切义举，则裹足不前，亦何铿吝之甚也。吾愿族内殷实者，遍行阴骘[3]，广种福田[4]。或除道以利行人，或架梁以通险阻。或绝流而渡舟楫，来往相宜；或建庙以安神灵，天人共鉴。或置义学[5]以培子弟，英才蒙作育之休；或捐义山以瘗[6]髑髅[7]，枯骨感安全之泽。或遇贫寒而全枕，两姓亦共铭心；或怜孤独而施棺，九原尤当含笑。凡兹义举，已兴者子孙务宜绳武[8]，未兴者及身更宜勇为。我族人尚其勉旃。

译文

《大圣》中讲：“见到正义的事却袖手旁观，就是没有勇

[1] 浇薄：社会风气浮薄，不淳朴敦厚。

[2] 冠婚丧祭：为礼教中四大礼。

[3] 阴骘：阴德。

[4] 福田：佛教中供养布施，行善修德，能受福报。犹如播种田亩，有秋收之利。

[5] 义学：免费学校。

[6] 瘗（yì）：掩埋，埋葬。

[7] 髑（dú）髅：死人的头盖骨。

[8] 绳武：继承祖先业迹。

气。”正义的事是应当做的事情，该做的不做，那么不该做的就没有不做的了。如今社会风气浮薄，习性被奢侈浮华熏染。凡是有钱的人家，房子一定要非常宏伟大气，衣服一定要华美艳丽，饮食一定要肥美甘甜，在成年、结婚、丧葬、祭祀等活动中，还有大摆桌席、铺张浪费、耗费很多钱却不吝惜的情况。然而他们看见乡邻从事慈善救济等义举，却裹足不前，这是多么吝啬啊！我希望家族里家境殷实的人，多积阴德，多做善事祈求福报。或是修理道路以方便人们行走，或是架起桥梁打通险阻。或是驾船横流而渡，使往来的人更加方便；或是建造宗庙以告慰神灵，经得起上天、平民的审察。或是办义学来培养学生，造就优秀的人才；或是捐义山用来掩埋尸骨，使死去的人能感受到保全的恩惠。或是资助贫困之家完成婚礼，使两个家庭将恩情铭记于心；或是同情老而无子的人，送他们一口棺材，他们也能含笑九泉。凡是这样的正义之举，已经富裕的人家的子孙要继续做下去，尚未发达的人家的子孙更要勇敢去做。我们族人应当多多努力。

双峰匡氏家训：乡邻出入相友，守望相助

乡邻间平日往还最密，而生齿日繁[1]，良莠不齐，使处置无道，则争讼易起，争讼起则风俗薄。欲息争讼，务在彼此退

[1] 生齿日繁：人口一天天多起来。

让。然平日因物我[1]未化，知有己不知有人，于是一事之小，定必见个胜负，一言之微，务要见个高下，而彼此相猜，报复无已。倘平日群然尊齿恤孤，悯凶[2]周贫，纵其中有一二非礼相犯，便能情恕理遣[3]，自反自厚，由是所见皆和颜悦色之人，所行尽格薄从淳之事，出入相友，守望相助，疾病相扶持，岂不美哉？况乡邻与我世世相聚，我今日有势有力可以欺人，安知势孤力弱时不转为他人所欺？天道循环，不可不审察也。

译文

乡里邻居之间平常来往最为密切，但随着人口一天天多了起来，好人坏人也就混在了一起。假使关系处理不当，就容易发生争执、诉讼，从而导致风气浮薄。想要平息争执、诉讼，一定要相互退让。但是，平日里因为对外物与自身没有融会贯通的认识，只在意自己却不在意他人，于是一件小事也必定要分出胜负，一句随意的话也必定要区分高低，彼此之间相互猜忌，报复没有休止。倘若平日里大家都尊重长者，怜悯孤弱，哀怜不幸，接济贫困，纵使有一两个人不遵守礼节，冒犯自己，也能够以情相恕，以理排遣，自我反思，勇于自责，那么所看到的人都脸色和蔼，所做的都是不刻薄、朴实的事，人们

[1] 物我：外物与己身。

[2] 悯凶：父母之丧，悯人之凶，怜悯别人遇到的灾难。

[3] 情恕理遣：以情相恕，以理排遣。

都友善相处，互相帮助，生病时相互照顾，岂不是很美好吗？况且乡里邻居和我世世代代都生活在一起，我现在有权有势可以欺负他人，怎么能够知道我在势单力薄时不会被别人欺负呢？天意是不断循环往复的，不可不仔细明察。

湘阴任氏家训：择里以仁为美，交邻以和为贵

择里以仁为美，交邻以和为贵。邻里不睦，则猜嫌易起，口舌必多，因忿生仇，幸灾乐祸，不可以一朝居矣。是必先有以尽其在我[1]者。平时往来，勿因小忍而生仇隙[2]，勿以细故[3]而启争端，毋恃强凌弱，毋以众暴寡，吉则庆，忧则吊，有无相通[4]，缓急相济，则我之所以待邻里者厚，斯邻里之所以待我者自不至于薄矣。孟子云："出入相友，守望相助，疾病相扶持，则百姓亲睦。"此之谓也。

译文

与邻里交往，以仁爱为美，以和睦为贵。邻里之间不和睦，就容易产生猜疑，因言语引起的纠纷一定会多。因为怨恨而引发仇恨，在他人遇到灾祸时感到开心，这样的话，双方在一起一天都住不下去。必须尽自己的力量做好应做的事情。平时交

[1] 尽其在我：尽自己的力量做好应做的事。
[2] 仇隙：仇恨。
[3] 细故：琐事。
[4] 有无相通：互通有无，互相接济。

往时，不要因为忍受了委屈而心生仇恨，不要因为琐事而引起争端，不要攀附强势而欺负弱小，不要依仗人多欺负人少，吉利的事情就庆祝，忧伤的事情就慰问，互通有无，遇到急事就互相帮忙，那么我厚待邻里，邻里待我也不薄。孟子说："出入相互做伴，遇到外来的侵害或灾祸时，彼此提供帮助，在患病时相互扶持，这样百姓之间就亲近、和睦。"说的就是这种状况。

湘乡易氏家训：本枝必固，桑梓必恭

本枝必固，桑梓必恭。敬老慈幼，和顺积中。枝脉虽别，根气原同。亲疏何异，房分何分。相友相助，井里邻封。乡傩[1]礼重，社酒春浓。四海兄弟，民物[2]包容。忠信笃敬，蛮貊[3]能行。

一乡之人，姓氏虽殊，在国家视之皆同胞也。推其情，固一境之所生，聚而亲邻也。四海之内皆兄弟，君子当以民胞物与为怀。凡蚩蚩氓氓，何莫非手足兄弟，况同宗之人本一气之相感者，同里之人咸朝夕之与居者，尚何彼此之见存，而不敦雍睦之道哉？近以世风不古，人情每不务其大而思其远，宗族间辄以分房分支为心，各挟意见而不睦乡党，中辄以上村下村为判，互相攻讦以为能，甚或挟富贵而凌贫贱，恃智强而欺愚

［1］乡傩（nuó）：指迎神驱鬼的民俗。

［2］民物：泛指人民、万物。

［3］蛮貊：泛指四方落后部族。

弱，其于裒多益寡，入孝出弟之旨邈不讲求，亦甚非君子之道也。凡我族人尚其深味之。

译文

自己家族的根本和枝干一定要稳固，对待家乡父老一定要恭敬。尊敬老人爱护幼小，温和柔顺存于心中。枝脉虽然有别，但根基是同源的。大家是一个宗族，亲疏有什么不同？房支何必区分？同乡、同县的人彼此友好，互相协助。在驱鬼迎神时举办隆重的仪式，在祭祀土地神、谷神时饮酒庆祝，春意盎然。四海之内，都是兄弟，人民万物相互包容。一个人如果忠诚信实、笃厚敬肃，那么即使去边远的落后地区，也能行得通。

一乡的人，姓氏虽然不同，但在国家看来他们都是同胞。推究其中情理，他们本来就是在同一个地方生长，聚在一起就是邻里了。四海之内都是自己的兄弟，君子应当视世人为同胞，视万物为同类。即使是敦厚而愚昧的人，都是手足兄弟，何况同一宗族的人本就是一气相感的人，同乡的人都是朝夕相处、住在一起的人，还有什么理由区分彼此，不亲近和睦呢？近来因为民风不淳朴，人们不在意重要而长久的事情，宗族之间固守分房分支的观念，各有主意而不与乡邻和睦，宗族之中则以上村、下村进行区别，以互相攻击诋毁为能事，甚至有时倚仗富贵之人而欺负贫贱的人，依靠聪明强势之人而欺负愚笨软弱的人。他们对于用多余去弥补不足、回家孝顺父母、外出敬爱兄长的道理一点都不讲求，这不是君子的行为。凡是我的族人都应当认真品味上面这段话。

醴陵黄氏家训：邻里之人，最宜情谊相协

昔孔子训子张曰："言忠信，行笃敬，虽蛮貊（mò）之邦，行矣。言不忠信，行不笃敬，虽州里，行乎哉？"此言慎以行己[1]，乃可以处州里。而不知和以待人，更可以结邻里？邻里之人，姓不一姓，人非一人，彼此往来，不啻兄弟之相亲，最宜情谊之相协。勿恃富欺贫，勿因贫妒富，勿以强凌弱，勿用智诈愚，纵相口角，毋庸讦忿。遇窘迫患难者，不得以秦越视之，当必以手足顾之。由是出入相友，守望相助，疾病相扶持，庶几[2]雍睦成风，则邻为德邻，里为仁里，此大和所由保合也。

译文

从前孔子教育子张说："言语讲求忠实诚信，品行力求真诚恭敬，即使到了四方落后的地方，也行得通。说话不忠实诚信，行为不真诚恭敬，即使在本乡本土，能行得通吗？"这是说人要谨慎立身行事，才可以处理好州里关系。不知道亲和待人，怎么结交邻里？邻里的人，不姓一姓，人也不是一个人，彼此往来，无异于兄弟一般亲近，最应该情谊和洽。不要倚仗富贵欺侮穷人，也不要因为贫穷而嫉妒富人，不要倚仗强大而欺负弱小的人，也不要倚仗聪明而欺负愚笨的人。即使发生口角，

[1] 行己：立身行事。

[2] 庶几：或许可以，表示希望或推测。

无须因此生气。遇到窘迫患难的人，不应该置之不理，一定要像亲人一样关心。如此一来，大家出入相互做伴，遇到外来侵略或灾祸时互相帮助，生病时相互扶持，也许可以和睦成风，那么邻居是有仁德的邻居，居住的地方为有仁爱的地方，这是保持乡里和睦关系的方法啊。

湘潭杨氏家训：乡党往来，慎勿骄傲；邻里晋接，必要谦和

乡党来往，慎勿骄傲；邻里晋接，必要谦和。亲者毋失其为亲，格言足式[1]；故者无失其为故，至论[2]堪师。出言当必诚必信，共事须有始有终。恕道[3]可行，应知设身处地；良心难昧，不要利己损人。银谷即少赢余，亦宜量力以周济；钱财常有出入，惟学克己而吃亏。赈饥恤寒，随时分惠；架桥修路，就便解囊。让人一分，即受一分之赐；给人点水，即沾点水之恩。禽兽昆虫，尚宜重其性命；孤寡残疾，尤应悯其困穷。积善存心，举动皆当法祖[4]；安分守己，作事岂可违天？富贵莫淫，免致无礼无义之诮[5]；贫贱莫滥，庶弭无能无志之讥。能信斯训则为贤，勿懔斯箴则不肖。惟各后嗣，尚其勉旃[6]。

[1] 足式：足够成为后世人的榜样。

[2] 至论：高超的或正确精辟的理论。

[3] 恕道：宽仁之道。

[4] 法祖：效法先祖。

[5] 诮：责备。

[6] 勉旃（zhān）：努力。多于劝勉时用之。旃，犹“之”。

译文

乡党之间往来，千万不要骄傲；邻居之间相待，一定要谦虚平和。亲人要有亲人的样子，这是值得后人学习的榜样；朋友要有朋友的样子，这种正确的言论值得效仿。说话一定要诚实可信，一起做事要有始有终。行宽恕之道，设身处地为人着想；良心难以欺骗，不要损人利己。钱和粮食即使只略有盈余，也应该根据能力来接济别人；钱财方面经常有盈有亏，要学习克制自己、能吃亏。赈济饥荒救济贫寒，随时施予恩惠；架桥修路，顺便出钱。让人一分，就拿一分好处；给人一点水，就是得到了滴水之恩。禽兽昆虫，尚且应该重视它们的生命；孤寡残疾，尤其应该怜悯他们的穷困。心存善念积累善行，一举一动都应当效法先祖；安分守己，做事怎么能违背天意？富贵时不要没有节制，以免遭受无礼和没有道义的谴责；贫穷卑贱时不要饥不择食，大概可以消除没有才能没有志气的批评。能相信这些教诲就是贤者，不敬畏这些箴言就是不肖子孙。希望后代各自努力。

衡山聂氏[1]家训：力行善道，存心忠厚

读书志在圣贤，为官心殷民瘼[2]。幸而一时贵显，皆祖宗积德之报，要慈祥恺泽[3]，为民兴利除害，上而忠于朝廷，下而泽及黎庶。即致仕之时，囊橐萧然[4]，而积德厚，则流光自远。至于居家，敦伦睦族。凡事当留心地，不可只图利己，不顾有害于人。我族内有力行善道，存心忠厚，即当尊之敬之，则而效之。如有刻薄居心，诡谲自雄[5]，纵得一时富足，子孙未必能昌，群相鄙弃，不礼可也。

译文

读书要志在成为圣贤，当官要心存百姓疾苦。如果幸运地一时显贵，都是祖宗积累德行的福报。要同情苦难的人，为人民兴利除害，向上对朝廷忠诚，向下关爱百姓。即将退休辞官时，没有什么财物，但积累了深厚的仁德，那么恩泽自然将长久流传。在家中处理好各种关系，和睦亲族。凡事都要心存善

[1] 衡山聂氏始祖贵洪公原为浙江籍，后迁居江西抚州。聂氏第十三代应禅公于清康熙年间游医至湖南，侨居衡山县，成为衡山聂氏的开基祖。衡山聂氏人才辈出，聂继模写给儿子聂焘的《诫子书》广为流传。聂缉椝为清末封疆大吏，曾任安徽巡抚、浙江巡抚等职。

[2] 瘼（mò）：毛病，疾苦。

[3] 慈祥恺泽：对受苦难的人表示同情，心中不忍。

[4] 囊橐（tuó）萧然：形容缺乏财务，没有什么积蓄。

[5] 诡谲自雄：狡猾，自以为了不起。

意，不能只图对自己有利，不考虑对人有害。族内有尽力遵行正道、存心忠厚的人，应当尊崇他，并效仿他。如有内心刻薄、狡猾、自以为了不起的人，即使得到一时富足，子孙也未必能昌盛，大家都嫌弃他，对他不礼貌也是可以的。

（二）谨言慎行，忍让谦退

《礼记·缁衣》曰："君子道人以言，而禁人以行。故言必虑其所终，而行必稽其所敝，则民谨于言而慎于行。"意思是说，君子用言语引导别人，用行动来说明什么不可以做，所以说话、行动时一定要考虑到最终的结果，那么民众就会谨言慎行。在传统家庭教育中，谨言慎行是为人处世的基本智慧之一。所谓"谨言慎行"，即在与人交往的过程中，应该注意言辞的恰当性，避免言语过激或冒犯他人。同时，也要谨慎行事，不要因为一时的冲动而做出令自己后悔的事情。在古人看来，唯有懂得谨言慎行的道理，脚踏实地，才能走好人生的每一步。

谨言慎行与忍让谦退密不可分，两者体现了低调做人的智慧。《论语》说"小不忍则乱大谋"，古训又说"退一步海阔天空"。忍让谦退，是为了磨砺自己的心性，避免无谓地激化矛盾，是中国人总结出来的持盈保泰的方法。

清朝末年，时局动荡，很多朝廷官员被贬，唯有曾国藩能保全自身，备受器重。这与他谨言慎行、忍让谦退的品行和操守有关。曾国藩为官不傲，也与他在官场上的磨炼有关。道光年间，他在京做官，年轻气盛，傲气多言，时常与名气很大、地位很高的人发生矛盾。咸丰初年，他在长沙办团练，也动辄指责别人，与巡抚等人结怨甚深。咸丰五年（1855），在江西战场上，他又与地方官员产生隔阂。咸丰七年（1857），他回家守制，经过一年多的反省，终于认识到自己办事常不顺利的原因。他自述道：“近岁在外，恶人以白眼蔑视京官，又因本性倔强，渐进于愎，不知不觉做出许多不恕之事，说出许多不恕之话，至今愧耻无已。”曾国藩行为的改变，与祖父星冈公的教导有关。他在离家进京之前，曾侍奉祖父于阶前，向祖父请求教导。星冈公用“满招损，谦受益”的朴素道理告诫他为人不可傲慢。这对曾国藩影响很深，多年以后，他仍常常回想起星冈公的教诲。曾国藩处处自谦自抑，扬人抑己，虚怀若谷，无论工作还是生活都以“谦”字为先，从不与人争夺功名，贪图权势。相反，他还主动请求削减权力。曾国藩还曾总结：“军事上的失败，原因不是傲慢就是懒惰，二者必居其一；大家族的失败，原因不是傲慢就是懒惰，二者必居其一。”他还告诉弟弟们要戒除傲慢和懒惰的恶习。正是这种谦退的态度，使曾国藩保身有道，安享晚年。曾氏家族也因此兴旺不衰，人才辈出。

谨言慎行、忍让谦退对于家庭的和谐与社会的稳定也有积极的作用。衡山聂氏家族康熙年间由江西游医湖广，侨居衡山，此后开枝散叶，成为湖南少见的科举世家，涌现出了聂焘、聂亦峰、聂缉椝等文化名人。聂氏家族兴旺不衰的秘诀之一就是忍让谦退。《衡山聂氏家训》中列有“忍性气”条，告诫子孙无论是在外或居家，都要忍让，不可逞强好胜，相互打骂，只有这样才能化解矛盾，营造和谐的家庭氛围。

曾国藩：总以除“傲”字为第一义

——《与国荃国葆书》

沅弟、季弟左右：

沅弟以我切责之缄[1]，痛自引咎，惧蹈危机而思自进于谨言慎行之路，能如是，是弟终身载福之道，而吾家之幸也。季弟信亦平和温雅，远胜往年傲岸气象。

吾于道光十九年十一月初二日进京散馆，十月二十八早侍祖父星冈公于阶前，请曰：“此次进京，求公教训。”星冈公曰：“尔的官是做不尽的，尔的才是好的，但不可傲。满招损，谦受益，尔若不傲，更好全了。”遗训不远，至今尚如耳提面命[2]。今吾谨述此语诰诫两弟，总以除“傲”字为第一义。

唐虞之恶人曰丹朱，傲，曰象[3]，傲。桀纣之无道，曰强足以拒谏，辨足以饰非，曰谓已有天命，谓敬不足行，皆傲也。吾自八年六月再出，即力戒“惰”字以儆无恒之弊。近来又力戒“傲”字。昨日徽州未败之前，次青心中不免有自是之见，既败之后，余益加猛省。大约军事之败，非傲即惰，二者必居其一；巨室之败，非傲即惰，二者必居其一。

余于初六日所发之折，十月初可奉谕旨。余若奉旨派出，

[1] 缄（jiān）：信件。

[2] 耳提面命：耳提，提着耳朵叮嘱；面命，当面指教。耳提面命，多指（长辈对晚辈、上级对下级）恳切地教导。

[3] 象：传说中上古舜帝的弟弟。

十日即须成行。兄弟远别，未知相见何日。惟愿两弟戒此二字，并戒各后辈常守家规，则余心大慰耳。

咸丰十年九月二十四日

译文

沅弟、季弟左右：

沅弟因为我切责的信件而痛加自责，害怕陷入危险的境地而想走上谨言慎行的道路，能够这样做，是弟弟终生得福的好事，也是我们家门的幸事！季弟的信也平和温雅，比往年高傲自负、不屑流俗的情形好多了。

我于道光十九年十一月初二日进京，在翰林院庶常馆供职。十月二十八日早晨我在屋阶前侍奉祖父星冈公，对祖父说："这次进京，请求祖父教训。"星冈公说："你的官是做不尽的，你的才能非常好，但不可骄傲。自满会招致损失，谦虚可以得到益处。你如果不骄傲，就更好了！"这个遗训不远，至今他好像还在对我当面教诲。我现在用这几句话告诫两位弟弟，总以去掉"傲"字为第一重要。

唐虞时代的恶人，丹朱骄傲，象也骄傲。桀纣的无道，表现为强硬而不听别人的规劝，能言善辩从而掩盖自己的过错，说自己的命运受之于天，不必对人事恭敬谨慎，这都是骄傲的表现。我自八月六日再次出山，便努力戒除懒惰，警惕无恒的弊病。近来，我又努力戒除"傲"的毛病。昨天徽州没有失败之前，次青心中不免有自以为是的见解。等到失败之后，我越发猛省。大约军事的失败，原因不是骄傲就是懒惰，二者必居其一；达官贵人家族的衰败，原因不是骄傲就是懒惰，二者必居其一。

我于初六所发的奏折，十月初可得到皇帝的旨意。我如果遵从旨意被派出，十天便要启程。兄弟远别，不知道哪一天才能相见，希望两位弟弟戒傲戒惰，并嘱咐每个后辈遵守家规，那我就很欣慰了！

咸丰十年九月二十四日

彭玉麟：诫长傲多言

——《谕子》

汝能以余切责之缄，痛自养晦，蹈危机而知惧，闻善言而知守，自思进德修业，不长傲，不多言，则终身载福之道，而吾家之幸也。历观名公巨卿，或以神色凌人者，或以言语凌人者，辄遭倾覆。汝自恃英发，吐语尖刻，易为人所畏忌。余少时，颇病[1]执拗，见事之不平者，辄心有所恃，片语面折，如此未尝不可振衰纲，伸士气[2]，然多因是遭尤怨。官场更险途也，吾非贪仕禄而屈节自抑，所以保身也。汝宜慎之。

译文

你因为我严厉责备的书信，彻底地收敛自己的锋芒。经历过危机后知道恐惧，听到过有益的言语后知道如何守住本分，

[1] 病：缺点，错误。

[2] 士气：指读书人的气势、作风。

想增进道德，建立功业，不滋长狂傲之气，不多说闲话，那么你算是懂得了终生最受福惠的方法，也是我们家的幸运啊。纵观那些有名望的权贵，有用神情面色凌辱他人的，有用言语凌辱他人的，最后都遭到了覆灭。你仗着自己小有才华，说出来的话尖酸刻薄，容易让别人畏惧忌惮。我年少的时候很有固执任性的毛病，看见有不公平的事，就不管不顾当面指责，这样不是不可以振作衰微的法度，伸张读书人的正气，然而很多时候因此遭到怨恨。官场更是艰险之途，我不是贪恋仕途俸禄而降低自己的心志压抑自己，这只是保全自己的方法。你应该慎重地对待这个问题。

郭昆焘：呐言敏行，敏事慎言

——《示儿子庆藩帖》

君子呐言敏行，敏事慎言。呐与敏即深沉之谓也。喜怒不形于色，臧否不出诸口，人不得窥爱憎以为迎合。古人担当大事，身任天下之重，未有浅露[1]躁率而能成功者。不独英雄豪杰须深沉以立事，即奸雄之徒，亦必借深沉以济其欲，特[2]其深沉，正其阴险耳。学问以培其本，体察以充其识，涵养以蓄其气，历练以发其才，随事[3]留心，随处自省，犹有浅露躁妄者，寡矣。此君子之深沉异于小人之阴险也。汝天姿、识解，

[1] 浅露：措辞直率而不委婉、含蓄。

[2] 特：只，但。

[3] 随事：随时随地。

均尚有过人处，惟轻于发言，时不免涉于浅躁，但能力矫其偏，使知虑[1]专而神识定，则所以进德在此，所以广才亦在此矣。知之，勉之！人不可以不精明，然自诩精明，往往受精明之蔽。盖自以为精明，则凡处事用人之误，必不肯自承其误，或更信为无误，且不乐人之道其误，而耳目之蔽多矣。又精明者易流于苛细，事事而察之，其精神必不能无疏漏，转将详于细而略于大，可以理繁剧而不可以总纲维，古人所以贵寓精明于浑厚也。

译文

君子说话迟钝、行动迅速，做事灵活、言语谨慎。迟钝和迅速都是沉稳的意思。喜和怒都不表现在脸上，褒贬的话不从嘴里说出来，人们便不能窥探其好恶来迎合他。以前的人担当重要的事情，肩负天下的重任，没有说话直率、急躁轻率却可以成功的。不单单是英雄豪杰需要保持沉稳来建功立业，即使是奸雄大盗，也必须通过沉稳来满足他们的欲望，只不过他们的沉稳，正是他们的阴险。通过做学问来培育根本，通过体会和观察来扩充见识，通过涵养来蓄养精神气质，通过历练来扩充才能，随时留心，处处反省，这样还浅薄急躁轻率的人，很少。这是君子的沉稳和小人的阴险狡诈不同的地方。你的天资和见识，都还算有超过常人的地方，只是发言轻率，有时难免轻浮急躁，但是如果能够尽力矫正这些毛病，使得思虑专一而

[1] 知虑：智慧和谋略。

神志安定，那么这样可以增进道德，也可以扩充才能。明白这些道理，不断勉励自己！人不可以不精干聪明，然而自己夸耀自己精干聪明，往往受到精明的蒙蔽。因为自以为精明，则凡是处理事务、任用人才的失误，自己一定不肯承认，或者甚至相信自己是没有错误的，并且不愿意他人指出自己的错误，从而使自己受到的蒙蔽更多。再者，精干聪明的人容易陷入繁杂琐事，事事都仔细审察，他的心神肯定做不到没有疏漏，将转而认真对待琐碎的事却忽略重要的事，这样的人可以处理繁重的事务但是不可以统领大局，这就是古人重视将精明寄托在质朴敦厚上的原因。

浏阳寻氏家训：欲行忍让之道，须先从小事做起

古人有言："终身让路，不失尺寸。"《周书》曰："必有忍，其乃有济；有容，德乃大。"《左氏》曰："让，德之本也。"处里闬[1]之间，信世俗之言，不过曰渐不可长，不过曰后将更甚，是大不然。人孰无天理良心，是非公道？揆[2]之天道，有满[3]损虚益之义；揆之鬼神，有亏盈福谦之理。自古只闻忍与让消无穷之灾，未闻忍与让翻以酿后来之祸也。欲行忍让之道，须先从小事做起。每见天下大讼大狱，多从极小事起。君子谨小慎微，凡事只从小处了。受得小气，则不至于受大气；

[1] 里闬（hàn）：指里门，乡里乡亲。

[2] 揆（kuí）：揣测。

[3] 满：自满的人。

吃得小亏，则不至于吃大亏。如能容人，能让人，能下人，决不至于受人之侮也。族之人务宜慕公艺[1]、泰伯[2]之风，毋效专诸[3]、要离[4]之习，庶不至讦讼[5]见于宗族，仇杀起于比闾矣。

译文

古人说："即使一辈子给别人让路，也不会有什么损失。"《周书》里说："一定要容忍，才能成功；要包容，德行才能广大。"《左传》中说："忍让，是一个人品德的根本。"身处邻里乡亲之间，有人听信世俗的传言，总是说"对别人过分谦让，此风不可日益滋长"，"对人过分谦让，他的气焰以后将会更嚣张"。这是非常不正确的。人谁没有天理良心、是非公道？揣测天道，有满招损、谦受益的道理；揣测鬼神，有减损盈满者、使谦虚者得福的道理。从古至今，只听说过忍让足以消除灾难，

---

[1] 公艺：即张公艺，公艺百忍。

[2] 泰伯：周代吴国始祖。姬姓。周太王长子。太王欲立幼子季历，以使季历子姬昌（周文王）继位振兴周族。泰伯得知后即与二弟仲雍同避江南，改从当地风俗，断发文身，建立吴国。

[3] 专诸（？—前515）：春秋时吴国堂邑（今江苏南京市六合区北）人。吴公子光（即阖闾）欲杀吴王僚自立，伍子胥推荐他为刺客。吴王僚十二年（前515），光宴请僚，他藏匕首在鱼腹中进献，刺杀僚，自己也当场被杀。

[4] 要离：春秋末吴国人。相传由伍子胥推荐给吴王阖闾，谋刺在卫的公子庆忌。他请吴王断其右手，杀其妻子，伪为得罪出走。及到卫国，又假意向庆忌献破吴之策，谋求亲近。当同舟渡江时，刺死庆忌，他亦自杀。

[5] 讦（jié）讼：控告诉讼。讦，攻击别人的短处或揭发别人的隐私。

未曾听说忍让反给人带来祸患。想要践行忍让的道理，必须先从小事开始做起。经常看到天底下那些重大案件，其实都是从很小的事情发展而来。真正的君子即使对待微小的事情，也总是保持谨慎小心的态度，不好的事情露出苗头时就加以处理。能受小气就不至于受大气，愿意吃小亏就不至于吃大亏。如果可以容纳其他人，忍让其他人，对他人谦卑，就一定不会受到别人的侮辱。我族之人务必效仿张公艺、泰伯的风范，不要模仿专诸、要离的习气，大概可以免于宗族之间的诉讼和邻里之间的仇杀了吧。

浏阳杨氏家训：说话最要信实，不可欺罔

凡一事而关人终身，纵实见实闻，不可着口。凡一语而伤我长厚，虽闲谈酒谑，慎勿形言。

稠人广众[1]之中，不可极口议论，逞[2]己之长，非惟惹祸，抑亦伤人。苟有过者在其中耶，议论到彼，则彼不言而心憾[3]矣。如对官言清则不清者怒，对友言直则不直者憎。彼不自责，谓我有意而为之耳。惟有简言语，和颜色，随问即答者，庶几可也。

凡说话最要信实，不可欺罔。今人以欺罔者为巧为智，受欺罔者为拙为愚，其实欺罔者乃真拙且愚耳。《书》曰：“作伪，

[1] 稠人广众：形容人多。

[2] 逞：卖弄。

[3] 憾：指不满意，心中不舒适。

心劳日拙。”孔子曰：“人而无信，不知其可也。”又曰：“言不忠信，虽州里[1]，行乎哉？”盖常惯欺罔者，后来虽说实话而人亦不信，甚至指天誓日，犹疑其为欺罔之术，所以寸步不可行也。切宜戒之。

译文

如果一件事情关乎别人的一生，即使是亲见亲闻，也不应谈论。如果一句言语会伤害自己的宽厚之德，即便是在酒桌上闲谈吹牛，也应当谨慎，不可乱说。

在人多的地方，不要无所顾忌地议论，不要卖弄自己的长处，这样不仅会招惹祸事，而且还会伤害别人。如果有犯错的人在人群之中，当议论到他的时候，就算他不说话，心里也会感到不满意。比如对做官的人说他是清廉的，那么不清廉的人则会愤怒；对朋友说他是正直的，那么不正直的人则会憎恨。对方不会自责，只会责怪我有意这么说。只有言辞简省，颜色平和，别人问什么就答什么，或许是可以的。

凡是开口说话，就要讲究真实可靠，不可欺诈别人。现在的人认为欺诈者有办法有智慧，被欺诈者笨拙愚蠢，其实欺诈不实的人才是真正的笨拙且愚蠢。《尚书》说：“弄虚作假，不仅劳心费神，而且境遇一天比一天差。”孔子说：“一个人如果不讲信用，真不知道他是否可以做成事。”又说：“言语不忠实诚信，即使是在本乡本土，能行得通吗？”那些常常习惯于欺

[1] 州里：指本乡本土。

诈不实的人，即使后来说出实话也没有人相信，甚至他指着天发誓，人们仍然会怀疑这是他欺诈的手段，所以他寸步难行。一定要戒除这个陋习。

湘乡吴氏家训：退让者，盛德事也

管子曰："喜气迎人，亲如兄弟；怒气迎人，惨如戈兵。"李卓吾曰："退让者，盛德事也。是乃古今天下建功立德，保国定家第一着好棋子。"唐彪曰："泰山之下，东海附焉；衡山之下，洞庭丽焉。大高之下，必有大深也。故大荣者，即大辱所倚；大辱者，即大祸所伏。将满将盈之际，慎以持之，谦以守之。"老莱子曰："齿刚易敝，舌柔常存。"老聃曰："良贾深藏若虚，君子盛德，容貌若愚。"孔子曰："聪明睿知，守之以愚；功被天下，守之以让；勇力震世，守之以怯。"孙叔敖曰："吾爵日高，吾志日下；吾官日大，吾心日小。"柳玭曰："门閭[1]高，可畏不可恃。"袁坤仪曰："《易》言：'人道恶盈，鬼神福谦。'《书》曰：'满招损，谦受益。'每见寒士将达，必有一段谦光之气质，盖厚德自膺厚福。"孝友先生曰："终身让路，不枉百步；终身让畔，不失一段。"王以旂曰："昔张湛入里门必步，可取以为法。"王阳明曰："今人病痛，大段只是傲，千万罪恶都从傲上来。"朱公伟曰："小损当大益。"葛中恬曰："《书》言：'必有容，德乃大；必有忍，德乃济。'古今事未有

[1] 门閭：古时候的门第。

不成于容忍，而败于不容忍者。”魏叔子曰：“于人横逆[1]来时，愤怒如火，忽一思及自己原有不是，不觉怒情躁气涣然冰释，乃知‘自反’二字，最上法门。”管东溟曰：“阴骘莫大如不报无道。”冯时可曰：“一事逆而心憎，一言拂而心衔[2]，甚至经年不释，易世不忘，若然者，四海之中无乐地，百年之内无泰时。”此一节言存忍让。

译文

管子说：“待人面色和善，大家就会如兄弟一样亲近；待人时满脸怒色，带来的伤害，就如同刀枪一样。”李卓吾说：“谦让是高尚的品德，是从古到今普天之下建立功业、树立德行，保有国家、安定家庭最好的方法。”唐彪说：“泰山的下面，依附着东海；衡山的下面，有绮丽的洞庭湖。在高的事物下面，一定有深渊。所以巨大的荣耀后，隐藏着巨大的耻辱；巨大的耻辱后，潜伏着巨大的祸患。在即将充盈自满的时候，要谨慎地加以护持，谦虚地加以保守。”老莱子说：“牙齿坚硬却容易坏掉，舌头柔软却长久地存在。”老聃说：“善于经商的人总是把宝物隐藏得很深，看上去好像一无所有；道德高尚的人，看上去好像愚蠢笨拙。”孔子说：“聪明睿智，用愚笨来保持它；功劳遍布天下，用谦让来保持它；勇气和力量盖过世人，用怯懦来持守它。”孙叔敖说：“我的爵位日益升高，我的志气日益

[1] 横逆：蛮横无理。

[2] 心衔：怀恨的意思。

下沉；我的官职日益变大，我的雄心日益变小。”柳玭说：“门第高，值得畏惧，而不可以依靠。”袁坤仪说：“《易经》中说：‘做人最怕自满，鬼神保佑谦虚的人。’《尚书》中曾说：‘自满招致损失，谦虚得到益处。’经常看见寒门的子弟将要显达，他一定有一种谦逊的气质，因为有淳厚的德行才会有大的福气。”孝友先生说：“一辈子向人让路，也不会多走一百步；一辈子让田界，自己的田也不会少掉一段。”王以旂说：“昔日张湛进入里门，一定步行，可以拿来作为法度。”王阳明说：“现在人的痛苦，大体主要是傲慢，千万种罪恶都从傲慢中来。”朱公伟说：“小的损失会获得大的利益。”葛中恬说：“《尚书》里说：‘要包容，德行才能壮大，要容忍，德行才能完备。’从古至今的事业，没有不是因为容忍而成就，因为不容忍而失败的。”魏叔子说：“人们在遇到别人蛮横无理的时候，往往怒火中烧，可是忽然转念一想，自己也有过错，不知不觉怒气就消失得干干净净。所以由此明白自我反思，是修身最好的法门。”管东溟说：“最大的阴德，莫过于对无理行为不使用报复手段。”冯时可说：“一件事不顺他的意便心里厌恶，一句话不中听便心里怀恨，甚至许多年后都不能释怀，一辈子都不会忘记，这样的人，普天之下没有使他快乐的地方，百年之内没有使他安定的时候。”这一节讲的是做人要容忍退让。

沅江汪氏家训：和气致祥，乖气致戾[1]

以和蔼待人，平允[2]处事，是涉世持身良法也。和气萃[3]于一家，未有不迪吉[4]者。公平存于一心，未有招其尤者。和气致祥，乖气致戾。平心治事，褊心不萌。兄弟和，家自兴，盛气平，过自寡。人能和平，斯能享和平之幸福。若躁率褊急，则天怒人怨，辄逢不测之灾。先哲云："必有容，德乃大；必有忍，事乃济。"又曰："不耐烦者，做不成一件事业；不自反者，看不出一身病源。"事急宜缓办，忙则多错。盖不外"和平"二字也。刘真斋云："事属道义方可做，然须宽绰细腻，真实忍耐，一一从头至尾，节次调停，方克有济[5]。否则匆忙疏漏，必至虚矫急迫，反害义矣。"

译文

和蔼地对待他人，公平允当地处理事情，是经历世事、要求自己的好方法。友好和谐的风气聚于一家，这家人没有不吉祥安好的。公平正直存于一心，这个人没有招致埋怨的。待人和气就会带来吉祥平安，待人无礼就会招来祸患。以公正无私的态度做事，狭隘的想法便不会萌生。兄弟和睦，家族自然兴

[1] 乖气：待人无礼。
[2] 平允：公平允当。
[3] 萃：聚集。
[4] 迪吉：吉祥安好。
[5] 济：成功。

旺，平息怒气，过错自然减少。人能心平气和，就能享受心平气和的幸福。如果急躁狭隘，则上天发怒、别人怨恨，就容易遇到不可预测的灾难。前代有才德的人说："必须宽容，德行才能广大；必须忍耐，事情才能成功。"又说："不能耐心忍受麻烦的人，终究一事无成；不能反省自己的人，看不出自身毛病的根源。"紧急的事情要缓一缓再处理，慌忙处理容易发生错误。因为办事都不外"和平"两个字。刘真斋说："事情符合道义才可以做，然而也需要心态从容、方法细腻，切合实际且有忍耐之心，所有环节从开头到结尾，逐次安排处理，方能成功。否则匆忙之间造成疏漏，必然会虚伪做作、仓促匆忙，反而违背了道义。"

衡山聂氏家训：忍得一时之气，免得百日之忧

古语云："忍得一时之气，免得百日之忧。"张家九世同居，只一"忍"字。无论[1]自己一家，固当要忍，就是外人，又何不可让他几分？尝见一人不合，怒气相加，彼此逞强称势，相骂相打，小则兴讼成仇，大则酿成命案，陨身破家，那时悔之晚矣。若系宗族，纵有口角，听族长排解，不许告状，亲睦之风不可失也。

[1] 无论：且不说，不论。

译文

古话说："忍得了短时间的怨气，才能避免长久的忧患。"张氏家族九代能住在一起，就只因为一个"忍"字。自己的家人，不用多说本来就应当忍让，就算是外人，忍让他一点又有何不可？曾经看到有人不和，彼此怒气相加，互相逞能逞势，相互打骂，小则打官司成为仇人，大则造成命案，丧失生命，家庭破散，到那时后悔也已经晚了。如果是同一宗族的人，即使有口角之争，也要听从族长的调解沟通，不许互相告状，丢掉亲近和睦的家风。

湘潭曹氏家训：若欲人不知，除非己莫为

肆行[1]不法之徒，败坏门风，莫若盗贼为甚。谚云："若欲人不知，除非己莫为。"今世家巨族犹不免此，由于懒守执业，交游非类，始则酗酒游荡，奸邪淫佚，无所不为，渐至为窃为盗贼，不顾脸面，一经官长拿获，杖笞[2]拷掠，后悔何及？故为父兄者，宜善教训子弟，为子弟者，宜听父兄教训，不可因富贵自尊，不可因贫贱自弃。语云"学好"二字，愿与族人共勉焉。

[1] 肆行：任意妄为。
[2] 杖笞：用杖打。

译文

肆意妄为不守法规的人，败坏家族风气，没有比盗贼更严重的。有谚语这样说："想要别人不知道自己做的坏事，除非自己没有做。"如今的世家大族还不能避免出现这样的子弟，是由于他们懒惰不坚守自己的本业，和一些不三不四的人交往，开始是酗酒到处游荡，种种奸诈邪恶、纵欲放荡的坏事，没有不做的，渐渐地从偷窃发展到抢劫，不顾体面，一旦被官府捉住，用棍棒鞭子拷打，此时再后悔又有什么用呢？所以做父亲、兄长的，应当好好教导自己的孩子、弟弟，做孩子、弟弟的，应当听从父亲、兄长的教诲，不可以因为家境富贵而自我骄纵，也不可以因为家境贫困而自甘堕落。人们常说"学好"这两个字，希望和族人用这两个字互相勉励。

资兴程氏家训：为非者必有所贪

为非者必有所贪也。或贪财，或贪色，结想痴迷，遂忘廉耻。故奸不择人，甚至伤伦灭理[1]，无论异姓同宗，恣意胡行。且有不惮法网，为贼为盗，一旦败露，不悬头于获奸之手，定损生于执法之台。性命与狗豕何殊？臭名虽殁世[2]莫改。是以欲禁为非，必先惩治贪污，立防微杜渐之法。凡族子侄，必须教其勤俭，士农工商，各执一业，毋得赌博嬉戏，与匪类

[1] 伤伦灭理：损害天道伦理，形容做事凶残，丧尽天良。
[2] 殁世：去世。

往来，并毋得屯留娼优，嗜酒歌唱。犯此者，轻则责罚，重则严惩。

译文

做坏事的人一定有所贪图。或是贪图钱财，或是贪图美色，念念不忘沉迷不悟，于是忘记了廉耻。所以做坏事不选择对象，甚至伤天害理，对待别人，不管是不是同一宗族，都任意胡来。而且有不害怕法律制裁的人，变成盗贼，一旦事情败露，不是在惩治奸邪的人手上身首异处，便是在执法台上丢掉性命。这样的人和猪狗有什么区别？坏的名声即使去世后也不能消失。因此，想要让子弟不为非作歹，一定要先惩治贪利忘义的行为，制定防微杜渐的方法。凡是我们家族的子孙，一定要教导他们勤劳俭朴，在士、农、工、商四类职业中，各自执守一业，不可以赌博嬉戏，与行为不端的人交往，也不可以蓄留从事歌舞的妓女，嗜好饮酒，学歌习唱。犯了这些禁忌的人，轻则责备处罚，重则严厉惩戒。